U0291180

湖北省学术著作出版专项资金资助项目

新材料科学与技术丛书

# 锑化钴热电材料热-力学性能的分子动力学研究

杨绪秋　著

武汉理工大学出版社

·武汉·

## 内 容 提 要

本书是在现代计算材料科学迅速发展的背景下,围绕先进环保型热电材料开展的探索性研究的成果体现。

本书首先介绍了热电材料的研究背景和应用前景,然后对典型方钴矿热电材料锑化钴进行了系统的分子动力学模拟研究,建立了锑化钴的原子间作用势,发展了锑化钴的分子动力学模拟及分析方法,并对锑化钴的相关热-力学性能进行了系统研究。这些研究成果为方钴矿类热电材料的应用提供了一定的理论指导。

本书可供微观模拟和材料设计领域工作与研究的人员和学生参考。

**图书在版编目(CIP) 数据**

锑化钴热电材料热-力学性能的分子动力学研究/杨绪秋著.—武汉:武汉理工大学出版社,2017.9
(新材料科学与技术丛书)
ISBN 978-7-5629-5013-4

Ⅰ.①锑…　Ⅱ.①杨…　②张…　Ⅲ.①钴-热电转换-热力学-分子动力-研究
Ⅳ.①TK123

中国版本图书馆 CIP 数据核字(2015)第 261633 号

项目负责人:李兰英　　　　　　　　责任编辑:李兰英
责 任 校 对:雷红娟　　　　　　　　封面设计:匠心文化
出 版 发 行:武汉理工大学出版社　　邮　　编:430070
网　　　址:http://www.wutp.com.cn　经　　销:各地新华书店
印　　　刷:荆州市鸿盛印务有限公司　开　　本:710 mm×1000 mm　1/16
印　　　张:7.5　　　　　　　　　　字　　数:101 千字
版　　　次:2017 年 9 月第 1 版
印　　　次:2017 年 9 月第 1 次印刷
定　　　价:50.00 元

凡购本书,如有缺页、倒页、脱页等印装质量问题,请向出版社发行部调换。
本社购书热线电话:027-87785758　87384729　87165708(传真)
·版权所有　盗版必究·

# 前　　言

方钴矿（skutterudites）类热电材料作为一种性能优良的新型中温（250～600℃）热电材料，在国际热电学界引起了广泛关注。研究表明，通过各种微结构调控方法（如纳米化、原子填充等）可以大幅提高方钴矿类热电材料的热电性能，这使得方钴矿类热电材料在热电发电方面具有了广泛的应用前景。然而，由于实际服役环境较为恶劣，研究方钴矿类热电材料的基本热力学和力学性能对方钴矿热电材料及其器件的设计及可靠性评价具有重要意义。

本书以方钴矿类热电材料的典型代表 $CoSb_3$ 为研究对象，发展了 $CoSb_3$ 的分子动力学模拟及分析方法。由于原子间相互作用势是分子动力学分析的基础问题，本书研究并建立了两种能够描述 $CoSb_3$ 化合物原子间相互作用的作用势模型。本书围绕单晶块体 $CoSb_3$ 的热-力学性能开展了一系列的研究工作，获得了理想结构 $CoSb_3$ 在单轴拉伸和压缩时的基本力学性能；获得了含 Sb 缺位和含纳米孔的 $CoSb_3$ 材料的热导率变化规律和基本力学性能；并对理想满填充 $CoSb_3$ 的基本力学性能进行了初步探讨。这些研究成果为方钴矿类热电材料的推广应用奠定了理论基础。

本研究工作得到了张清杰教授和翟鹏程教授的悉心指导，在此向两位教授表示真挚的感谢。本研究工作也得到了 973 计划课题（No. 2013CB632505 和 2007CB607506）、国家自然科学基金（No. 11302156）、中央高校基本科研业务费专项资金（WUT：2014-Ia-005）的资助。在此，作者表示衷心的感谢。

由于作者水平有限，对很多理论和技术问题的认识比较浅显，内容难免有疏漏之处，恳请读者给予指正。

杨绪秋

2015 年 5 月 15 日

# 目　　录

# 1 热电材料研究进展及应用前景

随着全球工业化步伐的加快,世界性的能源危机和环境恶化已成为 21 世纪主要的社会问题。解决能源危机的关键是能源材料的突破。热电材料是近几十年来提出并得到重点关注的一种新型能源材料。采用热电材料能直接将热能转化为电能[1-3],而且热电材料具有质量轻、体积小、性能可靠、不产生任何尾气、无噪声等优点,这对于缓解和解决日益严重的能源危机和环境问题具有深远的意义[4-6]。基于一大批学者的相关研究成果,$Bi_2Te_3$ 体系热电材料[7-9]已经成功地被商业化应用,目前其发电效率仍在持续提高。同时,研究者们又相继发现了许多新的块体热电材料[10],包括具有纳米结构的方钴矿热电材料[11-16],也提出了各种改善热电材料性能的新思路[17-18],这使得我们对热电材料的广泛应用充满了期待。

## 1.1 热 电 效 应

1821 年,德国科学家 Seebeck 在考察 Bi-Cu 和 Bi-Te 回路的电磁效应时,发现由不同的金属导体组成的闭合回路中,如果两个接触点温度不同,回路中便有电流。这是热电材料的第一种现象,称为 Seebeck 效应。1833 年,法国物理学家 Peltier 发现,当电流通过两个不同导体的接触点时,在接触点附近有温度变化。当电流从某一方向流经回路的接触点时,接触点会变冷;而当电流反向时,接触点会变热。这是热电材料的第二种现象,称为 Peltier 效应。Seebeck 效应和 Peltier 效应虽然表现在接头界面处,但其过程贯穿于整个导体内,因此它们都是体效应,而不是表面或界面效应[19]。1850 年,英国的 Thomson 发现并建立了 Seebeck 效应和 Peltier 效应之间的关系,并预言了第三种热电现象——Thomson 效应,即当电流通过有温度梯度的半导体时,导体中除了产生和电阻有关的焦耳热以外,还要吸收或放出热量。

基于 Seebeck 效应和 Peltier 效应,可以利用热电材料制造出实现热能和电能之间直接相互转化的温差电器件。当器件按 Seebeck 效应方式工作时,它相当于一个发电器。当器件按 Peltier 效应方式工作时,它就相当于一个制冷器。其工作原理如图 1-1 所示[20],p 型和 n 型两种不同类型的热电材料被导电性较好的导流片串联起来,组成的串联回路被称为热电偶对。在图 1-1(a)中,当装置的两端存在温差 $\Delta T$ 时,电子和空穴向下部移动,形成温差发电。在图 1-1(b)中,当在回路中通入电流时,电子和空穴向下部移动并从接头处带走热量,从而使接头处冷却。实际应用中,为了获得需要的发电或制冷量,一般将多个热电单元串联或并联。

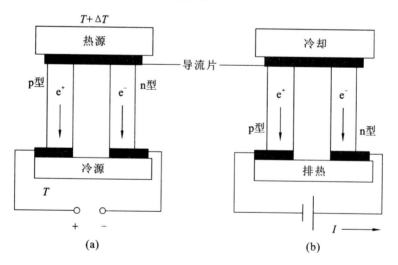

**图 1-1　温差电器件工作原理**

(a)热电发电;(b)热电制冷

## 1.2 热电材料的热电性能及研究方向

热电材料是一类通过固体内部载流子运动实现热能和电能之间直接相互转化的功能材料,也被称为温差电材料。在注重环保和资源循环利用的今天,热电材料作为绿色能源转换材料,显得格外引人注目。为了实现热能和电能的转化,热电材料必须具有好的热电性能才能有较高的热电转换效率。

$Z$ 为衡量材料热电性能的一个参数,其计算公式如下:

$$Z=\frac{\alpha^2\sigma}{\kappa} \tag{1-1}$$

其中,$\alpha$ 为 Seebeck 系数;$\sigma$ 为电导率;$\kappa$ 为热导率,它由晶格热导率和电子热导率两部分组成。通常将式中的电学性能部分 $\alpha^2\sigma$ 称为热电材料的"功率因子"。$Z$ 的单位为 $K^{-1}$,它与绝对温度的乘积 $ZT$ 是一个无量纲的数值。

通常将 $ZT$ 视为一个整体,并将其定义为热电材料的无量纲热电优值,用来表征热电材料热电性能的优劣。$ZT$ 值越大,表明材料的热电性能越好。图 1-2 所示为目前经研究表明热电性能较好的几种典型的块体热电材料。通常,热电材料的 $ZT$ 值随着温度的改变而有比较明显的变化,即每种材料都存在一个最佳热电性能的工作温度区间。工作温度区间在室温以下的 BiSb[21]、在室温附近的 $Bi_2Te_3$[22-24],通常适用于热电制冷;工作温度区间在 300~500℃ 的热电材料,如 PbTe[25],可用于废热发电;而在 1000℃ 左右高温区的热电材料,如 SiGe 合金[26-28],则适用于热能发电。在实际使用热电材料发电的过程中,冷热端温差可达数百度甚至上千度,如果仅使用一种热电材料会导致热电转换效率过低。因此,在工作温度范围较大的情况下,沿温度梯度方向选用具有不同最佳工作温度范围的热电材料,使之联结成多段热电装置,形成梯度结构,可使每段材料工作在最佳温度范围内,有效提高热电转换效率。Caillat 等[29]研制了由 $Bi_2Te_3$ 和 skuttesrudite(方钴矿)材料组成的高效分段热电对,经理论计算,当发电器工作的冷热端温度分别为 300K 和 975K 时,最大转换效率可达到 15%。

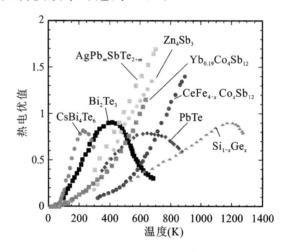

**图 1-2　　几种典型块体热电材料的性能优值**[30]

迄今为止,从热力学基本定律出发进行的理论研究尚未发现热电优值的上限[31]。如果可以将热电优值 $ZT$ 提高到 3 左右,热电发电和制冷方式就可以完全和传统的发电和制冷方式相抗衡[10]。在 20 世纪 90 年代以前,热电材料的研究一直没有突破"$ZT=1$"的门槛。用于制作热电器件的块状半导体热电材料,由于其 Seebeck 系数、电导率、热导率是相互关联的,提高其中的某个系数必定影响到另外两个,$ZT$ 值很难有大的提高。近年来,随着全世界范围内对热电研究的重视,与热电材料的热电性能有关的研究有了较大进展。一方面,一些具有特殊结构、性能优越的新型块体材料被相继发现,比如方钴矿(skutterudites)、笼式化合物(clathrates)[32-34]、Half-Heusler 合金[35-37]、$Zn_4Sb_3$[38-39] 等。另一方面,一些机构致力于研究量子阱、量子线、量子点超晶格以及薄膜超晶格等低维材料,先后报

道了 $ZT$ 值大于 2 的实验结果[40-41]。这是因为当材料的尺寸减小到纳米尺度时,电子的状态密度发生了很大变化,从而优化某一个参数就可以提高材料的热电性能。这样,在热电材料的研究上逐步形成了两大研究方向,即开发新型块体热电材料和研究低维热电材料。另外,与对载流子的散射相比,纳米材料导致的高密度晶界对声子具有更强的选择性散射,可以大大降低材料的热导率。这是因为在固溶体中,点缺陷能对高频声子起到很大程度的散射作用,这样热量主要是由低频声子传递,而低频声子具有比较长的自由程,晶界对它的散射更为显著。

热电学界在低维材料、纳米材料的研究上已经取得了一系列的可喜成绩,热电材料的性能有了突破性的提高。但是低维或纳米材料成本高、制备技术复杂,而且不适用于大器件。因此,近年来对块体材料的研究和对低维材料的研究被有机结合起来了,出现了微纳复合材料这一热电研究的新方向[42],即在块体材料中引入纳米组元。并且,近年来有大量关于微纳复合材料或块体纳米材料的研究报道[43-44]。2004 年,Hsu 等[45] 在 $Science$ 上报道了具有高热电性能的块体材料 $AgPb_mSbTe_{2+m}$,在 800K 时 $ZT$ 值达到 2.2。该材料含有纳米组元,被认为是具有高热电性能的主要原因。Chen 等[46] 研究了 $Yb_yCo_4Sb_{12}/Yb_2O_3$ 微纳复合材料的热电性能。他们用原位合成法制备了含有分布良好的 $Yb_2O_3$ 颗粒的 Yb 填充的 $CoSb_3$ 材料,其中一些较大的微米级别的 $Yb_2O_3$ 颗粒分布在基体的晶界上,另外一些较小的纳米组元分散在 $Yb_yCo_4Sb_{12}$ 晶体内部。最大的热电优值出现在 850K 时,为 1.3。

## 1.3 热电材料的应用

采用热电材料单元集成热电器件进行能量转换,对于缓解和解决日益严重的能源危机和环境问题具有深远的意义,因为它能直接进行热能和电能的转化,而且具有不产生任何尾气、机械振动、噪声等优点。

热电发电器主要应用于三个领域：第一，航天、军事、无人区等特殊领域使用的发电装置，放射性同位素热电发电器（RTG）已经在军用侦察卫星、通信卫星、深海无线供电中获得了成功应用[47-48]；第二，在电网无法覆盖的偏远地区，使用太阳能集热进行发电[49-50]；第三，利用低品位热源和废热发电，美、日、欧等发达国家和地区都将发展热电技术列入了中长期能源开发计划，以利用工业余废热、垃圾焚烧热、太阳能等进行温差发电[51-53]。一些大型汽车企业，如 Amerigon、BMW、Marlow、Visteon 组成的热电研究团队，以及 GM、RTI 研究所、美国国家橡树岭研究所 ORNL 组成的热电研究团队，都研发了安装有热电发电机或制冷器的清洁型汽车[54]。在能源日益短缺的今天，利用热电效应将废热、地热、汽车尾气等用来发电不但可以变废为宝，而且可以有效地缓解能源短缺的问题。开发利用低品位能源的温差发电技术，对于我国发展循环经济、建设节约型社会具有重大的意义。

热电制冷具有机械式压缩制冷机难以媲美的优点，作为一种全新的无泄漏、无污染、简单快捷的环保制冷方式，它在民用方面比热电发电更为普及，在工农业、医疗、国防等领域已被使用。热电制冷器其中一项重要的应用是作为电子元器件（如红外探测器、计算机芯片、激光器）的冷源[55-57]。热电制冷装置在高温超导领域也有着巨大的应用潜力[58-59]。传统的氟利昂制冷剂由于其破坏臭氧层带来了严重的环境问题，国际上已经普遍限制其使用。若能进一步提高热电制冷器的转换效率，热电材料将可替代氟利昂压缩机制冷技术而被普遍使用，这对于世界的环保和可持续发展是非常有益的[60]。

目前，热电装置的转换效率还较低，离大规模的实用目标尚有差距。从理论上讲，热电装置能像所有现代机械能量转换装置一样有效。相信在不远的将来，热电器件最终会得到规模化应用，并带动相关产业的发展，形成一个具有广阔发展空间的绿色能源高技术产业，产生巨大的社会效益和经济效益。

#  分子动力学模拟及实现方法

到目前为止，尚没有成熟的理论模型来描述纳米尺度下材料的各种行为。实验是在纳米尺度下进行研究的重要手段。扫描隧道显微镜(STM)、原子力显微镜(AFM)的相继问世为纳米尺度下的实验研究提供了有力的工具。高分辨率电子显微镜(HREM)等近来发展起来的实验手段使直接观察纳米尺度下原子的运动过程成为可能。但是，通常情况下，利用超微细物质操作的表面，其原子水平的控制仍然非常困难。计算机模拟作为独立于理论分析和实验研究的第三种手段，是进行纳米尺度研究的另一个有力工具，是沟通理论与实验的桥梁，可实现在实验上很难或根本无法完成的研究。

## 2.1 计算材料学的发展

计算材料学的产生直接源于"材料设计"的想法，即以计算机为手段，通过物理模型与理论计算对材料的固有性质、结构、使用性能等进行综合研究，从而自主地对材料进行组分、结构和功能的优化与控制，"订做"具有特定性能的新材料。近年来，现代科学(量子力学、统计物理、固体物理、计算科学、图形学等)理论的飞速发展，以及计算机能力的空前提高为材料计算与设计提供了理论基础和有力手段，它们使材料科学从半经验地定性描述逐渐进入定量预测控制阶段，并逐渐形成了一门新兴的、独立的跨学科分支——计算材料学。计算材料学是综合材料科学、物理学、计算机科学、数学、化学与化工及机械工程等学科而发展起来的,并已逐渐形成了自己独立、完整的理论体系,目前已有许多这方面的专著出版。现在,理论分析、实验研究、数值模拟已成为三种并行的研究手段。

人们已经通过大量的科学研究和工程实践充分认识到:物质结构的尺度和层次是有决定性意义的。在不同的尺度下,有决定性的问题、现象和机理都有很大差异,因此需要我们用不同的思路和方法去解决这些问题。值得注意的是,空间尺度和时间尺度密切相关,一般来讲,空间尺度越大,则描述事件的时间尺度也应越长。在材料科学与工程领域,对于材料结构层次的划分尚不统一,例如,有的按研究对象的空间尺度划分为三个层次:工程设计层次(对应于宏观材料)、连续模型尺度(毫米量级)和微观设计层次(纳米量级);有的按空间和时间尺度划分为四个层次:宏观(空间尺度在 0.1 mm 至数万公里,时间尺度在 0.01 s 至 100 年)、介观(介于"宏观"与"微观"之间)、微观(微米量级)、纳观(纳米至微米量级)。尽管如此,人们已经普遍认识到某些尺度(如纳米量级)对微结构和性能的重大影响,而且不同的尺度和层次上发生的现象、提出的问题和任务、需要给出的解决方法都各不相同,因此需要辨识尺度,分清层次,逐一解决[61]。

计算机模拟作为科学研究的重要手段,已被应用于多方面的学术研究,显示出了极大的优越性,主要体现在以下几点[62]:

(1)将计算机模拟计算得到的结果与实验结果或理论计算得到的结果进行比较,探讨问题的本质;

(2)将实验中无法识别其因果关系的量分离为单个因素加以研究,寻找其规律性;

(3)分析和解释实验或理论结果中不太清楚的现象的机理或成因;

（4）预测实验中难以实现的极限条件或理想条件下的物性；

（5）综合所建模型得到的结果，分析并提出新的概念或新的理论体系。

在纳米量级尺度，即分子和原子层面对材料的性质进行计算机模拟，其研究方法有分子动力学方法（molecular dynamics，MD）[63]和蒙特卡洛方法[64]，蒙特卡洛方法又分直接蒙特卡洛方法和间接蒙特卡洛方法。

直接蒙特卡洛方法也被称为随机抽样技术或统计实验方法，是按照实际问题所遵循的概率统计规律，用计算机进行直接抽样试验，然后计算其统计参数。也可以人为地构造出一个合适的概率模型，依照该模型进行大量统计实验，使它的某些统计参量正好是待求问题的解，即间接蒙特卡洛方法。

蒙特卡洛方法被用于计算机模拟比分子动力学方法要早，特别是在统计系综、粒子输运、核裂变的链式反应等问题中，蒙特卡洛方法获得了广泛应用。而分子动力学作为一种确定性模拟方法，可以提供材料变形过程中原子运动的细节，深入揭示复杂的机理，从本质上发现新的现象，而且可定量地再现真实固体中所发生的动态过程。现在，分子动力学方法已成为物理学家和材料学家研究凝聚态物质的一个强有力的方法。

## 2.2　分子动力学的基本思想

分子动力学模拟是一种用来计算一个经典多粒子体系的平衡和传递性质的方法，模拟的根本问题是要确定一群有相互作用的粒子在时空中的演化规律。要实现这一目标，首先要建立数学模型，即把关于微观粒子或粒子团的结构、粒子间力的知识与牛顿力学结合起来，指定粒子运动应遵循的自然规律和粒子间相互作用的形式,再计算粒子集合的相轨道,从而确定系统的静态和动态性质。

一个多粒子体系组成一个统计力学体系,模拟计算需要确定体系在相空间中随时间推进的各个时刻的位形。分子动力学模拟假设这些粒子的行为仍然遵循经典的牛顿力学规律,这对于许多材料来说都是一个很好的近似。首先,根据一定的力边界条件、温度条件建立起粒子系统的牛顿运动方程或修正的牛顿运动方程。其次,根据原子间的势能计算原子受到的作用力,求出每一时刻原子的位置和速度,进而得到粒子系统在相空间中随时间演化的轨迹。最后,对计算结果进行长时间的统计平均,得到需要的宏观物理量。本质上可将分子动力学看成是对广义牛顿运动方程的数值积分,这是一种确定性方法,不存在随机过程,是实现玻尔兹曼统计力学的途径。

力场是分子动力学的灵魂,是决定计算结果成败的最关键因素。通常,用一定的数学公式表达不同类型原子间存在的相互作用。由于数学公式是"唯象"的,牺牲了本身的物理意义,所以不论采用什么样的数学公式计算都是对能量的近似。力场越精确越复杂,其包含的能量项也就越多,能量的表达形式也就越复杂,计算量也就越大。

目前已经有许多开源软件,例如 LAMMPS、XMD、GROMARCS等,都是免费使用的,基于开源协议任何人都可以对源代码进行修改以方便科学研究。其中,LAMMPS[65]由美国 Sandia 国家实验室开发,遵守 GPL 开源协议,即开放源代码而且可以免费使用。从2001 年开始,LAMMPS 一直在不断更新和完善强化,它可以计算包括液、气、固各个形态,以及各种系综、上千万原子系统的并行模拟计算。本书后面的计算都是采用 LAMMPS 完成的。

# 2.3 分子动力学的关键实现技术

## 2.3.1 周期性边界条件

符合热力学极限的宏观系统由几千万亿亿个分子或原子组成，实际计算中，分子动力学方法要受到有限观测时间和有限系统尺寸的限制。就目前计算机的速度，原子数目一般被限制在 $10^8$ 数量级，对原子数目的限制，出现的麻烦是小样本系统的表面效应会掩盖其体效应，小样本系统的模拟不能完全反映真实系统的性质和行为。解决的办法是对所选定的模拟单元施加周期性边界条件。

如图 2-1 所示，中间标有阴影的单元是我们选定的体积为 $V$ 的立方体，它内含 $N$ 个粒子的模拟单元。所谓周期性边界条件，就是想象在它的周围存在着无穷多个与模拟单元完全相同的单元，它们像晶体元胞一样充满整个空间。每个单元内部有数量相等、分布也相同的粒子，且相应的粒子具有相同的速度。一个粒子如果从单元的一面离开，就必须有另一个粒子从相对的另一面以相同的速度进入该单元，从而维持各单元内粒子数不变。尽管我们面对的是一个无限系统，但由于每个小单元的情况完全相同，只需存储和处理一个小单元的数据。因此，周期性边界条件的引入，使模拟计算摆脱了巨大分子数的困境，并成功地消除了为减少粒子数而带来的有限尺寸效应。

这种方法并不严格，还需要根据情况检验改变基本单元尺寸所得结果是否改变，直到所得结果不随基本单元尺寸变化而变化。

## 2.3.2 运动方程的有限差分法

分子动力学方法要在计算机上求运动方程的数值解，为此，需

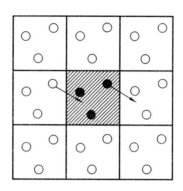

**图 2-1　周期性边界条件示意图**

要通过适当的格式对方程进行近似,使之适用于在计算机上进行数值求解,从使用连续变数和微分算符的描述过渡到使用离散变数和有限差分算符的描述,必然会有误差,误差的阶数取决于具体的近似机制,即所用的算法。

常用的算法有 Verlet 算法[66]、Leap-frog 算法[67]、Velocity Verlet 算法[68]、Gear 算法[69]等。

Verlet 提出的 Verlet 算法在分子动力学中应用最为广泛。它根据原子在 $t$ 时刻的位置 $r(t)$ 和加速度 $a(t)$ 及在 $t-\Delta t$ 时刻的位置,计算出 $t+\Delta t$ 时刻的位置:

$$r(t+\Delta t)=2r(t)-r(t-\Delta t)+\Delta t^2 a(t) \tag{2-1}$$

该算法的缺点是位置 $r(t+\Delta t)$ 要通过小项 $\Delta t^2 a(t)$ 与非常大的两项[$2r(t)$ 与 $r(t-\Delta t)$ 的差]相加得到,这容易造成精度损失;没有显式速度项,在下一步的位置没确定前,难以得到速度项;不是一个自启动算法:新位置必须由 $t$ 时刻与前一时刻($t-\Delta t$)的位置得到,而 $t=0$ 时,只有一组位置已知,必须通过其他方法得到 $t-\Delta t$ 时刻的位置。

Hockney 提出的 Leap-frog 算法,是对 Verlet 算法的改进。Leap-frog 算法相对 Verlet 算法有两个优点:①包含显式速度项。②计算量稍小。它的最大缺陷是位置与速度不同步,因此在位置确定时,不能同时计算动能对总能量的贡献。

Swope 提出的 Velocity Verlet 算法可以同时给出位置、速度和加速度,并且不牺牲精度,目前应用比较广泛。

Gear 提出了基于预测-校正积分方法的 Gear 算法,基本思路为:

(1)预报 已知当前时刻 $t$ 的坐标、速度、加速度及加速度的高阶导数,通过泰勒级数计算这些量在时刻 $t+dt$ 的值;

(2)计算力 根据坐标预测值计算原子间的作用力,并计算实际的加速度;

(3)校正 加速度实际值与预测值存在差别,根据此加速度差值校正得到 $t+dt$ 时刻的坐标、速度、加速度及加速度的高阶导数。

Gear 算法每步要计算两次作用力,但它允许的每个时间步长可以比其他算法长 2 倍以上。

选择了数值算法后,时间步长的选取是影响计算结果的一个关键因素。这里存在一个矛盾,即一方面要尽量选择大的时间步以模拟更长的时间,从而在相空间抽样的比例更大;另一方面,过大的时间步将导致结果精度降低,甚至导致分子动力学的崩溃。对于平衡态的分子动力学模拟,时间步长大多采用 $1\sim10\mathrm{fs}$ ($10^{-14}\sim10^{-15}\mathrm{s}$)。

### 2.3.3 系综与温度压强控制

系综在统计物理中是一组相类似体系的集合。对于一个宏观体系,其所有可能的微观状态(如粒子的位置、速度等)数是个天文数字,因而对于一个系综内的各个体系,其微观状态可以大不相同。按照各态历经性原理,平衡体系的物理量的时间平均可以用对应系综的所有体系的平均来代替。

早期的分子动力学计算都是围绕微正则系综展开的,即系综内的每个体系具有相同的能量、粒子数和体积,微正则系综又被称为 NVE 系综,是一种孤立、保守的系统的统计系综。大多数实际情况下,系统都与外界存在一定的联系,如受外界温度、压强的影响,根据具体问题人们相继提出了不同的系综。正则系综,即系综内的各个体系可以有能量交换，但系综内所有体系的能量总和不变，且系综内各体系具有相同的温度、粒子数和体积，又称为 NVT 系综；等温等压系综，是正则系综的推广，各个体系之间可以有能量交换和体积交换，但能量总和及体积总和不变，系综内各体系具有相同的温度、压强和粒子数。

许多情况下，我们希望研究的对象保持恒温状态，一个合理的温度控制方法必须产生正确的统计系综，即调温后粒子位形发生的概率必须满足统计力学法则。目前常用的调温方法有速度标定法[70]、Berendsen 热浴法[71]、Nose-Hoover 热浴法[72,73]等。

速度标定法的核心是根据温度和速度的关系，将当前速度乘以一个合适的系数，这样可以强制使温度回到设定值。但突然的速度改变会导致模拟系统和真实结构的平衡态相差很远，无法和统计力学系综对应。

Berendsen 热浴法假设系统和一个恒温的外部热浴耦合在一起，使之与恒温热浴温度保持一致。这种方法使它允许系统在期望温度值附近上下波动。

Nose-Hoover 热浴法是等温系综统计力学研究的里程碑，它可将任何数量的原子与热浴耦合起来，消除局域的相关运动，并且可以模拟宏观系统的温度涨落现象。LAMMPS 中对温度控制最常用的也是 Nose-Hoover 法，其核心是引入了一个反映真实系统与热浴相互作用的广义变量，将真实系统与热浴作为统一的扩展系统来考虑。

对于有外界压强作用的情况，由于压力可以表示为体系动能与维里量的和除以系统体积，因此系统压力可以通过改变体积来调节。压强控制方法有 Berendsen 法[71]、Andersen 法[74]及 Parrinello-Rahman 法[75,76]。Berendsen 法假设系统与一个外部压浴相耦合，直接在系统运动方程中引入系统压力变化方程；Andersen 法假设系统与外界"活塞"耦合，通过"活塞"运动引起的膨胀或收缩来调节系统压强；Parrinello-Rahman 法引入了计算元胞的形状矩阵，形状矩阵由于内外应力的反馈机制发生变化，从而能够反映一般应力作用下固体材料的体积与形状的改变。

## 2.4 锑化钴的分子动力学模型及相关计算细节

具有纳米结构的方钴矿热电材料作为一种具有潜在应用价值的新型中温热电材料，在热电学界受到了极大关注[11-16]。人们通过实验、理论、计算机模拟等各种方法对其进行了广泛而深入的研究，取得了一系列研究成果，为这种热电材料的实际应用奠定了坚实的基础。

方钴矿源于挪威一小镇名，最早在该镇发现了具有 $CoAs_3$ 晶体结构的矿物，中文名称为方钴矿。二元 skutterudites 的基本化学式为 $MX_3$（其中 M 是金属元素，如 Ir、Co、Rh、Fe 等；X 是 V 族元素，如 As、Sb、P 等）。$CoSb_3$ 的晶体结构如图 2-2 所示。它具有复杂的体心立方晶体结构，空间群 $Im\overline{3}$。每个晶胞中含有 32 个原子，8 个 $MX_3$ 分子，其中 8 个 M 原子占据 $c$ 位，24 个 X 原子占据 $g$ 位。每个 M 原子周围都有 6 个近邻的 X 原子，这 6 个 X 原子形成八面体结构。每个 X 原子的近邻有 2 个 X 原子和 2 个 M 原子，这 4 个原子形成四面体结构。每个晶胞结构中存在两个较大的笼状空隙，可以在其中填充其他的原子，形成填充型方钴矿热电材料。最具代表性的方钴矿化合物是 $CoSb_3$。

以锑化钴（$CoSb_3$）为代表的方钴矿化合物是一类重要的中温热电材料，深入了解其微观热-力学行为与结构的关系对该类材料的应用具有重要的意义。在进行一个特定的分子动力学模拟之前，首先根据锑化钴（$CoSb_3$）的晶体结构及相应结构参数，在笛卡尔坐标系中确定一个单胞所有原子位置的坐标，再按照设定尺寸进行周期复制，得到初始模拟系统，即初始原子构型为理想单晶结构。主

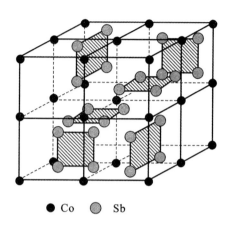

● Co　　● Sb

**图 2-2　CoSb₃ 的晶体结构**

晶向[100]、[010]、[001]分别对应笛卡尔坐标系的 $X$、$Y$、$Z$ 轴。对于单晶块体,在三个方向采用周期性边界条件。通过 Nose/Hoover 温度控制和压强控制方法来调节系统的温度和压强。

对于单轴拉伸或压缩模拟,首先采用 NPT 系综(原子数、压强、温度保持不变)进行弛豫以保证系统处于零压状态,接着沿 $Z$ 方向采用应变控制方法进行拉伸或压缩,同时允许另外两个方向自由伸缩以模拟单轴变形情况。每应变步为0.0002,而后弛豫2000时间步。时间步设为 1.0fs。应变步和弛豫时间决定了应变率 $\dot{\varepsilon} = 10^8/s$。这种应变/弛豫过程不断重复,直到模型破坏为止。

体积应力的计算公式为[65]:

$$S_{ij} = -\left[ mv_i v_j + \frac{1}{2} \sum_{n=1}^{N_b} (r_{1i}F_{1j} + r_{2i}F_{2j}) + \frac{1}{3} \sum_{n=1}^{N_a} (r_{1i}F_{1j} + r_{2i}F_{2j} + r_{3i}F_{3j}) \right] \tag{2-2}$$

其中,第一项代表应力贡献;第二项代表伸缩键贡献;第三项代表键角贡献。将系统中各原子的体积应力张量的各分量分别相加,再除以系统的总体积,即为对应的真应力 $\sigma_{ij}$。

对于正应变,工程应变 $\varepsilon_E$ 和真应变 $\varepsilon_T$ 都有很广泛的应用。然

而,由于工程应变在应变较小($<5\%$)的时候更适用,因此,本书采用真应变公式,即

$$\varepsilon_T = \int_{L_{z_0}}^{L_z} \frac{1}{L_z} \mathrm{d}L_z = \ln \frac{L_z}{L_{z_0}} = \ln(1 + \varepsilon_E) \tag{2-3}$$

其中,$L_{z_0}$ 和 $L_z$ 分别为 $Z$ 方向的初始长度和最终长度。

对于热传导模拟,采用 Muller-Plathe[77] 提出的一种非平衡分子动力学方法,即速度交换方法,来模拟单晶块体 $CoSb_3$ 在室温下的热传导过程。如图 2-3 所示,首先沿热流方向将模拟系统划分为 $N$ 层,其中第 1 层为最底层,第 $N$ 层为最高层。每隔若干时间步,将第 1 层中的若干个最"热"的原子与第($N/2+1$)层的相同个数的最"冷"的原子配对,将这些配对的原子之间的速度进行交换。那么在原子质量相同时,这相当于进行了动能交换。经过一定的时间后,系统内即形成稳定的温度梯度。通常将第($N/2+1$)层定位为"中间层",假如将系统划分为 20 层,那么进行速度交换的原子层为第 1 层和第 11 层。从周期意义上讲,由于中间层与两边进行速度交换的原子层的距离相同,会形成对称的温度分布。

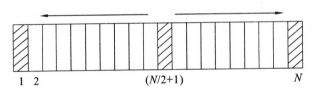

1　2　　　　　　　　　($N/2+1$)　　　　　　　　　$N$

**图 2-3　速度交换法进行热传导模拟的示意图**

由 Fourier 方程得到热导率 $\lambda$ 为:

$$\lambda = \frac{\dfrac{\Delta E}{\Delta t}}{k \cdot A} \tag{2-4}$$

其中,$\Delta E$ 是在 $\Delta t$ 时间内系统交换的总能量,$A$ 为沿热流方向的模型的横截面面积,$k$ 为温度曲线的斜率,通过对稳定后的温度曲线进行线性拟合得到。

#  CoSb₃的两体作用势模型及其验证

分子动力学是一种计算机模拟技术,通过对一组相互作用的原子的运动方程进行积分来确定它们随时间推移发生的变化。它服从经典力学规律,即对于由 $N$ 个原子构成的系统,其中的每个原子都遵循牛顿运动定律。因此,在经典分子动力学模拟中,描述原子间相互作用的作用势对模拟结果的准确性起着至关重要的作用。

迄今为止,人们提出了很多建立作用势的方法。一方面,一些研究机构试图从第一性原理描述出发,即考虑电子结构,通过逐次逼近来获得以原子核位置为参数的能量表达式。另一方面,其他研究者为了方便实际应用,根据实验数据来拟合作用势,即对于选定的解析函数,设法将其中的待定参数确定下来。相比而言,第二种方法更为可行,它包含两个步骤:(i)选择作用势的解析形式。最简单的形式是两体势,即认为所有原子间的作用为所在系统内两两原子对之间的作用的代数和,而原子对间的作用由其相对距离决定。(ii)对于所选定的解析函数,寻找求解其中的待定参数的方法,这一步非常重要,但是从技术上来说可能比较繁琐。

为了避免复杂的运算,作用势的形式越简单越好。本章的任务是构建单晶 CoSb₃ 的简单两体作用势模型以描述其原子间的相互作用。势函数选取前人提出的、应用较为广泛的形式,根据作用势与材料的物理性质之间的关系通过列方程求数值解得到势参数。

## 3.1 两体势函数形式

由于 Morse 势函数[78]具有很多优越性[79-81]，这里采用 Morse 势形式来描述 CoSb$_3$ 的原子间相互作用，其函数形式为：

$$U(r) = \frac{1}{2} \sum_i \sum_j \varnothing_{ij}(r) \ (j \neq i) \tag{3-1}$$

$$\varnothing_{ij}(r) = D(e^{-2a(r-r_0)} - 2e^{-a(r-r_0)}) \tag{3-2}$$

这里，$U$ 为系统的总能量，$D$、$r_0$、$\alpha$ 为三个待确定的参数，$r$ 为原子 $i$ 和原子 $j$ 之间的距离。

下一步就是分别确定不同的原子对（即 Co-Co、Sb-Sb、Co-Sb）中的三个参数。那么，首先需要找出势能与材料性质之间的一般关系。

（i）应力与势能间的关系为 $\sigma_{ij} = \frac{1}{\Omega_0} \cdot \frac{\partial U}{\partial \varepsilon_{ij}}$（其中 $\Omega_0$ 为原子体积，$\varepsilon_{ij}$ 为应变）。当晶体中的原子处于理想晶格点处时，系统内的应力为 0，于是势函数应满足：

$$\frac{1}{2} \sum_m \varnothing'_m \frac{r_i^m r_j^m}{r^m} = 0 \tag{3-3}$$

这里，$i$、$j$ 取值 1、2、3，$r^m$ 为第 $m$ 近邻距离，$r_i^m$ 为第 $m$ 近邻位置矢量的第 $i$ 个分量，$r_j^m$ 为第 $m$ 近邻位置矢量的第 $j$ 个分量。

为了便于后面的计算，将式（3-3）写为：

$$\frac{1}{2} \sum_m D \cdot \varnothing'_m \cdot \frac{r_i^m r_j^m}{r^m} = 0 \tag{3-4}$$

其中 $\varnothing'_m = \frac{1}{D} \cdot \frac{\mathrm{d}\varnothing}{\mathrm{d}r} \Big|_{r=r^m}$。对于 Morse 势，

$$\varnothing'_m = -2\alpha e^{-2a(r^m-r_0)} + 2\alpha e^{-a(r^m-r_0)} \tag{3-5}$$

（ii）当晶体发生小的变形时，势能 $U$ 与弹性常数 $C_{ijkl}$ 间的关系[82-83]为：

$$C_{ijkl} = \frac{1}{\Omega_0}\left[\frac{\partial U}{\partial \varepsilon_{ij}\,\partial \varepsilon_{kl}}\right]_{\varepsilon=0} = \frac{1}{\Omega_0}B_{ijkl} \tag{3-6}$$

$$B_{ijkl} = \frac{1}{2}\sum_m D \cdot \left(\varnothing''_m - \frac{\varnothing'_m}{r^m}\right) \cdot \frac{r_i^m r_j^m r_k^m r_l^m}{(r^m)^2} \tag{3-7}$$

这里 $i$、$j$、$k$、$l$ 取值 1、2、3。对于 Morse 势，

$$\varnothing''_m = 4\alpha^2 e^{-2\alpha(r^m-r_0)} - 2\alpha^2 e^{-\alpha(r^m-r_0)} \tag{3-8}$$

由于弹性常数张量为对称张量，可采用 Voigt 记法将其简化，即 $11\rightarrow 1, 22\rightarrow 2, 33\rightarrow 3, 23$ 或 $32\rightarrow 4, 31$ 或 $13\rightarrow 5, 12$ 或 $21\rightarrow 6$。那么，$C_{1111}=C_{11}$，$C_{1122}=C_{12}$，$C_{1212}=C_{66}\cdots\cdots$原来的四阶张量即简化为二阶张量。

## 3.2　两体势参数确定

针对不同的原子对，即 Co-Co、Sb-Sb、Co-Sb，分别找出其稳定的晶格结构，再根据式（3-3）和式（3-6）列出其势函数应满足的三个独立方程，求解参数方程式，即可得到势参数的值。

### 3.2.1　Co-Co 势参数

Co 有两种晶体结构，即面心立方和六面密堆结构，这里选取面心立方结构，其晶格常数 $a_0=3.5446\text{Å}$，近邻原子位置如表 3-1 所示，弹性常数参见参考文献[84]。

**表 3-1  Co 的近邻原子位置**（$|r_1|$、$|r_2|$、$|r_3|$ 为 $r^m$ 在 $X$、$Y$、$Z$ 轴的三个分量）

| | 个数 | $|r_1|$（Å） | $|r_2|$（Å） | $|r_3|$（Å） | $r^m$（Å） |
|---|---|---|---|---|---|
| | 4 | 1.7723 | 1.7723 | 0 | |
| 第一近邻 | 4 | 1.7723 | 0 | 1.7723 | 2.5064 |
| | 4 | 0 | 1.7723 | 1.7723 | |
| | 2 | 3.5446 | 0 | 0 | |
| 第二近邻 | 2 | 0 | 3.5446 | 0 | 3.5446 |
| | 2 | 0 | 0 | 3.5446 | |
| | 8 | 3.5446 | 1.7723 | 1.7723 | |
| 第三近邻 | 8 | 1.7723 | 1.7723 | 3.5446 | 4.3412 |
| | 8 | 1.7723 | 3.5446 | 1.7723 | |
| | 4 | 3.5446 | 3.5446 | 0 | |
| 第四近邻 | 4 | 3.5446 | 0 | 3.5446 | 5.0128 |
| | 4 | 0 | 3.5446 | 3.5446 | |

下面列参数方程：

(i) 令 $\sigma_{11}=0$（$\sigma_{12}$，$\sigma_{13}$，$\sigma_{23}\equiv0$），即令式(3-3)中 $i=j=1$，则根据表 3-1 的数据可得到：

$$8\times\frac{1.7723^2}{r_1}\emptyset'(r_1)+2\times\frac{3.5446^2}{r_2}\emptyset'(r_2)+$$

$$\frac{8\times3.5446^2+16\times1.7723^2}{r_3}\emptyset'(r_3)+8\times\frac{3.5446^2}{r_4}\emptyset'(r_4)=0 \quad (3\text{-}9)$$

这里的 $r_i$ 是第 $i$ 近邻距离，后面都用这种表示方法。

(ii) $C_{11}$ 即 $C_{1111}$，令式(3-6)中 $i=j=k=l=1$，则根据表 3-1 中的数据可得到：

$$\frac{2\Omega_0 C_{11}}{D}=\varphi_1\times\frac{1.7723^4}{r_1^2}\times8+\varphi_2\times\frac{3.5446^4}{r_2^2}\times2+$$

$$\varphi_3 \times \frac{3.5446^4 \times 8 + 1.7723^4 \times 16}{r_3^2} + \varphi_4 \times \frac{3.5446^4}{r_4^2} \times 8 \qquad (3\text{-}10)$$

这里 $\varphi_m = \varnothing_m'' - \dfrac{\varnothing_m'}{r_m}$。

（iii）$C_{12}$ 即 $C_{1122}$，令式（3-6）中 $i=j=1, k=l=2$，同样根据表 3-1 中的数据可得到：

$$\frac{2\Omega_0 C_{12}}{D} = \left[\varnothing''(r_1) - \frac{\varnothing'(r_1)}{r_1}\right] \times \frac{1.7723^4}{r_1^2} \times 4 + \left[\varnothing''(r_3) - \frac{\varnothing'(r_3)}{r_3}\right] \times$$

$$\frac{3.5446^2 \times 1.7723^2 \times 16 + 1.7723^4 \times 8}{r_3^2} + \left[\varnothing''(r_4) - \frac{\varnothing'(r_4)}{r_4}\right] \times \frac{3.5446^4}{r_4^2} \times 4$$

$$(3\text{-}11)$$

为求解三元方程，将式（3-10）与式（3-11）相除，消去 $D$，得

$$\varphi_1 \times 0.01557 + \varphi_2 \times 2 + \varphi_3 \times 0.09345 + \varphi_4 \times 0.0623 = 0 \qquad (3\text{-}12)$$

则对于式（3-9）和式（3-12），含两个参数 $(\alpha, r_0)$。令 $f_1(\alpha, r_0)$ 为式（3-9）等号左边项，$f_2(\alpha, r_0)$ 为式（3-12）等号左边项，即

$$f_1(\alpha, r_0) = 8 \times \frac{1.7723^2}{r_1}\varnothing'(r_1) + 2 \times \frac{3.5446^2}{r_2}\varnothing'(r_2) +$$

$$\frac{8 \times 3.5446^2 + 16 \times 1.7723^2}{r_3}\varnothing'(r_3) + 8 \times \frac{3.5446^2}{r_4}\varnothing'(r_4)$$

$$f_2(\alpha, r_0) = \varphi_1 \times 0.01557 + \varphi_2 \times 2 + \varphi_3 \times 0.09345 + \varphi_4 \times 0.0623$$

编写一个小程序，令 $\alpha$、$r_0$ 在 0.3～5 之间变化（大多数材料都在该范围内[85,86]），得到连续函数 $f_1(\alpha, r_0)$、$f_2(\alpha, r_0)$ 一系列的值。当 $\alpha$、$r_0$ 在这个范围内取特定的值时，可以同时满足：

$$f_1(\alpha, r_0) \to 0, f_2(\alpha, r_0) \to 0$$

$$f_1(\alpha - \Delta\alpha, r_0) \cdot f_1(\alpha + \Delta\alpha, r_0) < 0$$

$$f_2(\alpha - \Delta\alpha, r_0) \cdot f_2(\alpha + \Delta\alpha, r_0) < 0$$

$$f_1(\alpha, r_0 - \Delta r_0) \cdot f_1(\alpha, r_0 + \Delta r_0) < 0$$

$$f_2(\alpha, r_0 - \Delta r_0) \cdot f_2(\alpha, r_0 + \Delta r_0) < 0$$

则此 $\alpha$、$r_0$ 的值即为式（3-9）和式（3-12）的解。表 3-2 列出了 $\alpha$、$r_0$ 在近似解附近变化时对应的 $f_1(\alpha, r_0)$、$f_2(\alpha, r_0)$ 的值。

**表 3-2   晶体 Co 的 Morse 势参数取不同值时函数 $f_1(\alpha,r_0)$、$f_2(\alpha,r_0)$的变化**

| $\alpha$ (Å$^{-1}$) | $r_0$(Å) | $f_1(\alpha,r_0)$ $(10^{-4})$ | $f_2(\alpha,r_0)(10^{-3})$ |
|---|---|---|---|
| 1.0527 | 2.9640 | $-1.5364$ | 7.47987 |
| 1.0527 | 2.9641 | 1.8383 | 0.71035 |
| 1.0528 | 2.9641 | 0.6449 | $-4.77378$ |
| 1.0529 | 2.9641 | $-0.5487$ | $-10.25925$ |
| 1.0527 | 2.9642 | 5.2141 | $-6.06130$ |

根据表 3-2 的计算结果,可获得 Co-Co 原子对的 Morse 作用势参数,它们分别为:$\alpha=1.0527$Å$^{-1}$,$r_0=2.9641$Å,$D=0.5953$eV。

### 3.2.2  Sb-Sb 势参数

晶体 Sb 为三方菱形晶体(A7,空间群 $R\overline{3}m$)[87,88],图 3-1 描述了其六角形和菱形单胞结构。从图中可以看到,在六角形单胞中包含 6 个原子,在菱形单胞中含有 2 个原子。晶体 Sb 的近邻原子位置如表 3-3 所示,弹性常数参见参考文献[89]。

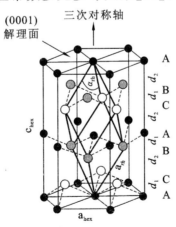

**图 3-1   晶体 Sb 的六角形和菱形单胞结构**

**表 3-3　　晶体 Sb 的近邻原子位置**$(a=4.3081\text{Å},d_1=1.5066\text{Å},d_2=2.2515\text{Å})$

| | 个数 | $\lvert r_1\rvert$（Å） | $\lvert r_2\rvert$（Å） | $\lvert r_3\rvert$（Å） | $r^m$（Å） |
|---|---|---|---|---|---|
| 第一近邻 | 2 | $0.5\times a$ | $1.732/6\times a$ | $d_1$ | 2.908 |
| | 1 | 0 | $1.732/3\times a$ | $d_1$ | |
| 第二近邻 | 2 | $0.5\times a$ | $1.732/6\times a$ | $d_2$ | 3.355 |
| | 1 | 0 | $1.732/3\times a$ | $d_2$ | |
| 第三近邻 | 2 | $a$ | 0 | 0 | 4.3081 |
| | 4 | $0.5\times a$ | $1.732/2\times a$ | 0 | |
| 第四近邻 | 4 | $0.5\times a$ | $1.732/6\times a$ | $d_1+d_2$ | 4.5065 |
| | 2 | 0 | $1.732/3\times a$ | $d_1+d_2$ | |
| 第五近邻 | 1 | 0 | $2/1.732\times a$ | $d_1$ | 5.1977 |
| | 2 | $a$ | $1/1.732\times a$ | $d_1$ | |
| 第六近邻 | 1 | 0 | 0 | $2\times d_1+d_2$ | 5.2647 |
| 第七近邻 | 1 | 0 | $2/1.732\times a$ | $d_2$ | 5.4604 |
| | | $a$ | $1/1.732\times a$ | $d_2$ | |
| 第八近邻 | 1 | 0 | 0 | $2\times d_2+d_1$ | 6.0096 |

下面建立参数方程：

(i) 令 $\sigma_{11}=0$ $(\sigma_{12},\sigma_{13},\sigma_{23}\equiv0)$，即令式(3-3)中 $i=j=1$，则有

$$\frac{0.5a^2}{r_1}\varnothing'(r_1)+\frac{0.5a^2}{r_2}\varnothing'(r_2)+\frac{3a^2}{r_3}\varnothing'(r_3)+$$

$$\frac{a^2}{r_4}\varnothing'(r_4)+\frac{2a^2}{r_5}\varnothing'(r_5)+\frac{2a^2}{r_7}\varnothing'(r_7)=0 \qquad (3\text{-}13)$$

(ii) $C_{11}$ 即 $C_{1111}$，令式(3-6)中 $i=j=k=l=1$，则有

$$\frac{2\Omega_0 C_{11}}{D}=\left[\varnothing''(r_1)-\frac{\varnothing'(r_1)}{r_1}\right]\times\frac{2\times(0.5a)^4}{r_1^2}+\left[\varnothing''(r_2)-\frac{\varnothing'(r_2)}{r_2}\right]\times$$

$$\frac{2\times(0.5a)^4}{r_2^2}+\left[\varnothing''(r_3)-\frac{\varnothing'(r_3)}{r_3}\right]\times\frac{2a^4+(0.5a)^4\times4}{r_3^2}+$$

$$\left[\varnothing''(r_4)-\frac{\varnothing'(r_4)}{r_4}\right]\times\frac{4\times(0.5a)^4}{r_4^2}+\left[\varnothing''(r_5)-\frac{\varnothing'(r_5)}{r_5}\right]\times\frac{2a^4}{r_5^2}+$$

$$\left[\varnothing''(r_7)-\frac{\varnothing'(r_7)}{r_7}\right]\times\frac{2a^4}{r_7^2} \tag{3-14}$$

(iii) $C_{33}$（即 $C_{3333}$），令式(3-6)中 $i=j=k=l=3$，则有

$$\frac{2\Omega_0 C_{33}}{D}=\left[\varnothing''(r_1)-\frac{\varnothing'(r_1)}{r_1}\right]\times\frac{3\times d_1^4}{r_1^2}+\left[\varnothing''(r_2)-\frac{\varnothing'(r_2)}{r_2}\right]\times\frac{3\times d_2^4}{r_2^2}+$$

$$\left[\varnothing''(r_4)-\frac{\varnothing'(r_4)}{r_4}\right]\times\frac{6(d_1+d_2)^4}{r_4^2}+\left[\varnothing''(r_5)-\frac{\varnothing'(r_5)}{r_5}\right]\times\frac{3d_1^4}{r_5^2}+$$

$$\left[\varnothing''(r_6)-\frac{\varnothing'(r_6)}{r_6}\right]\times\frac{(2d_1+d_2)^4}{r_6^2}+\left[\varnothing''(r_7)-\frac{\varnothing'(r_7)}{r_7}\right]\times\frac{3\times d_2^4}{r_7^2}+$$

$$\left[\varnothing''(r_8)-\frac{\varnothing'(r_8)}{r_8}\right]\times\frac{(2d_2+d_1)^4}{r_8^2} \tag{3-15}$$

为求解三元方程,将式(3-14)与式(3-15)相除,消去 $D$,得

$$\left[\varnothing''(r_1)-\frac{\varnothing'(r_1)}{r_1}\right]\times0.02497-\left[\varnothing''(r_2)-\frac{\varnothing'(r_2)}{r_2}\right]\times0.3739+$$

$$\left[\varnothing''(r_3)-\frac{\varnothing'(r_3)}{r_3}\right]\times2.25-\left[\varnothing''(r_4)-\frac{\varnothing'(r_4)}{r_4}\right]\times7.495+$$

$$\left[\varnothing''(r_5)-\frac{\varnothing'(r_5)}{r_5}\right]\times1.9-\left[\varnothing''(r_6)-\frac{\varnothing'(r_6)}{r_6}\right]\times4.97+$$

$$\left[\varnothing''(r_7)-\frac{\varnothing'(r_7)}{r_7}\right]\times1.501-\left[\varnothing''(r_8)-\frac{\varnothing'(r_8)}{r_8}\right]\times8.44=0 \tag{3-16}$$

则式(3-13)和式(3-16)含两个参数。令

$$f_1(\alpha,r_0)=\frac{0.5a^2}{r_1}\varnothing'(r_1)+\frac{0.5a^2}{r_2}\varnothing'(r_2)+\frac{3a^2}{r_3}\varnothing'(r_3)+$$

$$\frac{a^2}{r_4}\varnothing'(r_4)+\frac{2a^2}{r_5}\varnothing'(r_5)+\frac{2a^2}{r_7}\varnothing'(r_7)$$

$$f_2(\alpha,r_0)=\left[\varnothing''(r_1)-\frac{\varnothing'(r_1)}{r_1}\right]\times0.02497-\left[\varnothing''(r_2)-\frac{\varnothing'(r_2)}{r_2}\right]\times0.3739+$$

$$\left[\mathcal{O}'(r_3)-\frac{\mathcal{O}'(r_3)}{r_3}\right]\times2.25-\left[\mathcal{O}'(r_4)-\frac{\mathcal{O}'(r_4)}{r_4}\right]\times7.495+$$

$$\left[\mathcal{O}'(r_5)-\frac{\mathcal{O}'(r_5)}{r_5}\right]\times1.9-\left[\mathcal{O}'(r_6)-\frac{\mathcal{O}'(r_6)}{r_6}\right]\times4.97+$$

$$\left[\mathcal{O}'(r_7)-\frac{\mathcal{O}'(r_7)}{r_7}\right]\times1.501-\left[\mathcal{O}'(r_8)-\frac{\mathcal{O}'(r_8)}{r_8}\right]\times8.44$$

按照前面同样的方法寻找式（3-13）和式（3-16）的近似解。根据表 3-4 的计算结果，得出 Sb 的作用势参数为：$\alpha=0.7848\text{Å}^{-1}$，$r_0=3.7353\text{Å}$，$D=0.8206\text{eV}$。

**表 3-4　晶体 Sb 的 Morse 势参数取不同值时 $f_1(\alpha,r_0)$、$f_2(\alpha,r_0)$ 的变化**

| $\alpha\,(\text{Å}^{-1})$ | $r_0\,(\text{Å})$ | $f_1(\alpha,r_0)(10^{-3})$ | $f_2(\alpha,r_0)(10^{-5})$ |
|---|---|---|---|
| 0.7848 | 3.7340 | 6.70772 | 0.006 |
| 0.7834 | 3.7353 | 0.14148 | 0.021 |
| 0.7848 | 3.7353 | 0.12358 | −2.097 |
| 0.7887 | 3.7353 | −0.00447 | −8.067 |
| 0.7848 | 3.7354 | −0.38304 | −2.258 |

### 3.2.3　Co-Sb 势参数

采用 $CoSb_3$ 的晶体结构来确定 Co-Sb 原子间的相互作用。如第 2 章所提到的，晶体 $CoSb_3$ 为复杂立方晶体，晶格参数为 $a=9.118\text{Å}$，$u=0.33537$，$v=0.15788$[90]。其中，Co 的近邻原子位置如表 3-5 所示，Sb 的近邻原子位置有三种情况，比例相同，表 3-6 为其中的一种情况。根据第一性原理计算得到其三个独立的弹性常数分别为：$C_{11}=181.19\text{GPa}$，$C_{12}=37.28\text{GPa}$，$C_{44}=49.56\text{GPa}$，与文献 [91] 的实验结果比较吻合。

表 3-5　晶体 CoSb₃ 中 Co 原子的近邻原子位置

| | 原子类型 | 个数 | $\mid r_1 \mid$ (Å) | $\mid r_2 \mid$ (Å) | $\mid r_3 \mid$ (Å) | $r^m$ (Å) |
|---|---|---|---|---|---|---|
| 第一近邻 | Co | 2 | 4.559 | 0 | 0 | 4.559 |
| | | 2 | 0 | 4.559 | 0 | |
| | | 2 | 0 | 0 | 4.559 | |
| | Sb | 2 | 0.8098 | 0.8098 | 2.2795 | 2.551 |
| | | 2 | 0.8098 | 2.2795 | 0.8098 | |
| | | 2 | 2.2795 | 0.8098 | 0.8098 | |
| 第二近邻 | Co | 4 | 4.559 | 4.559 | 0 | 6.447 |
| | | 4 | 0 | 4.559 | 4.559 | |
| | | 4 | 4.559 | 0 | 4.559 | |
| | Sb | 2 | 0.8098 | 3.7492 | 2.2795 | 4.4619 |
| | | 2 | 3.7492 | 0.8098 | 2.2795 | |
| | | 2 | 0.8098 | 2.2795 | 3.7492 | |
| | | 2 | 3.7492 | 2.2795 | 0.8098 | |
| | | 2 | 2.2795 | 0.8098 | 3.7492 | |
| | | 2 | 2.2795 | 3.7492 | 0.8098 | |

表 3-6　晶体 CoSb₃ 中 Sb 原子的近邻原子位置

| | 原子类型 | 个数 | $\mid r_1 \mid$ (Å) | $\mid r_2 \mid$ (Å) | $\mid r_3 \mid$ (Å) | $r^m$ (Å) |
|---|---|---|---|---|---|---|
| 第一近邻 | Co | 2 | 0.8098 | 0.8098 | 2.2795 | 2.551 |
| | | 2 | 0.8098 | 2.2795 | 0.8098 | |
| | | 2 | 2.2795 | 0.8098 | 0.8098 | |
| | Sb | 2 | 0 | 2.9394 | 0 | 2.9394 |
| | | 2 | 0 | 0 | 2.9394 | |
| | | 2 | 2.9394 | 0 | 0 | |

**续表 3-6**

| | 原子类型 | 个数 | $\lvert r_1 \rvert$（Å） | $\lvert r_2 \rvert$（Å） | $\lvert r_3 \rvert$（Å） | $r^m$（Å） |
|---|---|---|---|---|---|---|
| 第二近邻 | Co | 2 | 0.8098 | 3.7492 | 2.2795 | 4.4619 |
| | | 2 | 0.8098 | 2.2795 | 3.7492 | |
| | | 2 | 3.7492 | 2.2795 | 0.8098 | |
| | | 2 | 2.2795 | 3.7492 | 0.8098 | |
| | | 2 | 2.2795 | 0.8098 | 3.7492 | |
| | | 2 | 3.7492 | 0.8098 | 2.2795 | |
| | Sb | 4 | 0 | 3.0893 | 1.4697 | 3.4211 |
| | | 4 | 3.0893 | 1.4697 | 0 | |
| | | 4 | 1.4697 | 0 | 3.0893 | |
| 第三近邻 | Sb | 4 | 1.6196 | 1.4697 | 3.0893 | 3.7851 |
| | | 4 | 1.4697 | 3.0893 | 1.6196 | |
| | | 4 | 3.0893 | 1.6196 | 1.4697 | |
| 第四近邻 | Sb | 1 | 2.9394 | 2.9394 | 0 | 4.1563 |
| | | 1 | 2.9394 | 0 | 2.9394 | |
| | | 1 | 0 | 2.9394 | 2.9394 | |
| 第五近邻 | Sb | 4 | 2.9394 | 3.0893 | 1.4697 | 4.5104 |
| | | 4 | 3.0893 | 1.4697 | 2.9394 | |
| | | 4 | 1.4697 | 2.9394 | 3.0893 | |

　　取 Co-Sb 原子对的离解能 $D$ 为 Co-Co 原子对与 Sb-Sb 原子对离解能的代数平均值，即 $D=(0.5953+0.8206)/2=0.70795\text{eV}$。下面建立参数方程：

　　(ⅰ) 令 $\sigma_{11}=0(\sigma_{12},\sigma_{13},\sigma_{23}\equiv0)$，即令式(3-3)中 $i=j=1$，则有

$$\frac{2\times4.559^2}{r_{1Co}}\varnothing'_{Co}(r_{1Co})D_{Co}+2\times\frac{4\times0.8098^2+2\times2.2795^2}{r_{1CS}}\varnothing'_{CS}(r_{1CS})\times$$

$$D_{CS}+8\times\frac{0.8098^2+2.2795^2+3.7492^2}{r_{2CS}}\varnothing'_{CS}(r_{2CS})D_{CS}+\frac{2\times2.9394^2}{r_{1Sb}}\times$$

$$\varnothing'_{Sb}(r_{1Sb})D_{Sb}+4\times\frac{1.4697^2+3.0893^2}{r_{2Sb}}\varnothing'_{Sb}(r_{2Sb})D_{Sb}+4\times$$

$$\frac{1.6196^2+3.0893^2+1.4697^2}{r_{3Sb}}\varnothing'_{Sb}(r_{3Sb})D_{Sb}+\frac{2\times2.9394^2}{r_{4Sb}}\varnothing'_{Sb}(r_{4Sb})\times$$

$$D_{Sb}+4\times\frac{2.9394^2+3.0893^2+1.4697^2}{r_{5Sb}}\varnothing'_{Sb}(r_{5Sb})D_{Sb}=0 \qquad (3\text{-}17)$$

说明,这里的 $r_{iCo}$,$r_{iSb}$,$r_{iCS}$ 分别是 Co 与 Co 的第 $i$ 近邻距离,Sb 与 Sb 的第 $i$ 近邻距离,Co 与 Sb 的第 $i$ 近邻距离。$\varnothing_{Co}$、$\varnothing_{Sb}$、$\varnothing_{CS}$ 分别为 Co 与 Co 的作用势函数,Sb 与 Sb 的作用势函数,Co 与 Sb 的作用势函数。

(ii) $C_{11}$ 即 $C_{1111}$,令式(3-6)中 $i=j=k=l=1$。为清晰起见,令

$$\varphi(r)=\left[\varnothing''(r)-\frac{\varnothing'(r)}{r}\right]D,则有$$

$$\frac{2\times4.559^4}{r_{1Co}}\varphi_{Co}(r_{1Co})+2\times\frac{4\times0.8098^4+2\times2.2795^4}{r_{1CS}}\varphi_{CS}(r_{1CS})+8\times$$

$$\frac{0.8098^4+2.2795^4+3.7492^4}{r_{2CS}}\varphi_{CS}(r_{2CS})+\frac{2\times2.9394^4}{r_{1Sb}}\varphi_{Sb}(r_{1Sb})+4\times$$

$$\frac{1.4697^4+3.0893^4}{r_{2Sb}}\varphi_{Sb}(r_{2Sb})+4\times\frac{1.6196^4+3.0893^4+1.4697^4}{r_{3Sb}}\varphi_{Sb}$$

$$(r_{3Sb})+\frac{2\times2.9394^4}{r_{4Sb}}\varphi_{Sb}(r_{4Sb})+4\times\frac{2.9394^4+3.0893^4+1.4697^4}{r_{5Sb}}\varphi_{Sb}$$

$$(r_{5Sb})-2\times C_{11}\times\Omega_0=0 \qquad (3\text{-}18)$$

令 $f_1(\alpha,r_0)$ 为式(3-17)等号左边项,$f_2(\alpha,r_0)$ 为式(3-18)等号左边项。令 $\alpha$、$r_0$ 在规定的范围内变化得到对应的 $f_1(\alpha,r_0)$ 和 $f_2(\alpha,r_0)$ 的值。根据表 3-7 的计算结果,得出 Co-Sb 原子对的 Morse 势参数为:$\alpha=2.6571\text{Å}^{-1}$,$r_0=2.3890\text{Å}$,$D=0.70795\text{eV}$。

**表 3-7　晶体 CoSb₃ 中 Co-Sb 的 Morse 势参数变化时 $f_1(\alpha,r_0)$、$f_2(\alpha,r_0)$ 的变化**

| $\alpha$ (Å⁻¹) | $r_0$ (Å) | $f_1(\alpha,r_0)(10^{-3})$ | $f_2(\alpha,r_0)(10^{-2})$ |
|---|---|---|---|
| 2.6435 | 2.3890 | $-50.45545$ | 0.007939 |
| 2.6571 | 2.3889 | 0.03399 | $-6.406856$ |
| 2.6571 | 2.3890 | $-1.81741$ | $-1.640010$ |
| 2.6571 | 2.3891 | $-3.66531$ | 3.119206 |
| 2.6577 | 2.3890 | 0.33451 | $-1.725459$ |

　　通过上面的方法，我们得到了单晶 CoSb₃ 的 Morse 势参数，如表 3-8 所示，对应的 Morse 势能曲线如图 3-2 所示。

**表 3-8　单晶 CoSb₃ 的 Morse 势参数**

|  | $D$(eV) | $\alpha$(Å⁻¹) | $r_0$(Å) |
|---|---|---|---|
| Co-Co | 0.5953 | 1.0527 | 2.9641 |
| Sb-Sb | 0.8206 | 0.7848 | 3.7353 |
| Co-Sb | 0.70795 | 1.8985 | 2.4366 |

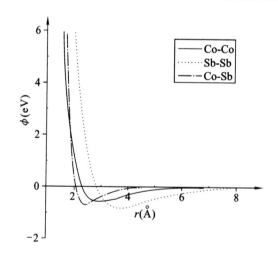

**图 3-2　单晶 CoSb₃ 的 Morse 势能曲线**

## 3.3　两体势适用性验证

建立了晶体 CoSb₃ 的作用势就可以方便地进行分子动力学模拟了,但首先要保证作用势的可靠性及适用性,这也是本节的任务,即分别对理想晶体 Co、Sb、CoSb₃ 进行分子动力学模拟,考察弛豫后相应的晶体结构是否发生变化,并预测材料的弹性常数,与文献报道结果进行比较。

采用 Fortran 语言编写分子动力学程序。在三个相互垂直的方向都施加周期性边界条件以模拟块体材料。为了提高计算效率,采用了近邻原子列表法[92]来计算原子间的作用力。首先在 30K 温度下进行模拟。采用速度 Verlet 算法[93]进行牛顿运动方程的积分。所有的初始原子构型均按理想晶格结构排列,初始速度按 Maxwell 分布。对于晶体结构的分析,采用径向分布函数(RDF)方法[94],即如果在半径为 $r$ 到 $(r+\Delta r)$ 的球壳内的原子数为 $n(r)$,理想晶体的原子密度为 $\rho_0$,则径向分布函数为

$$g(r)=\frac{n(r)}{\rho_0 V}\approx\frac{n(r)}{4\pi r^2 \rho_0 \Delta r} \tag{3-19}$$

### 3.3.1　Co-Co 作用验证

单晶块体 Co 的初始模型尺寸为 $6a_0 \times 6a_0 \times 18a_0$,包含 2592 个原子。截断半径取为 5.2Å。进行了 20000 步弛豫后,系统的平均能量达到稳定,平均应力为 $-0.13$GPa,与理想值 0 有较小的偏差。

弛豫后的单晶块体 Co 的径向分布函数如图 3-3 所示,出现峰值的原子距离为 2.51Å、3.55Å、4.34Å、5.01Å、5.61Å、6.13Å、7.09Å。这些原子间距与理想面心立方 Co 的近邻原子距离非常吻合,它们分别为 2.5064Å、3.5446Å、4.3412Å、5.0128Å、5.6045Å、6.139Å、7.0892Å。这说明弛豫后的结构仍然保持不变。

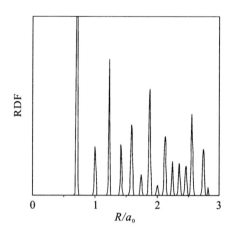

**图 3-3　单晶块体 Co 弛豫后系统的径向分布函数**

通过在[001]主晶向施加应变,而另外两个垂直方向的尺寸保持不变,得到如图 3-4 所示的应力-应变曲线。可以看到,应力与应变呈现出很好的线性关系,对其进行线性拟合,得到 $C_{11}$ 为 302GPa。实验值为 $1.896eV/Å^3$(303.7GPa)[84]。模拟结果与实验结果的误差非常小,在 1% 以内。

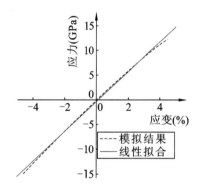

**图 3-4　单晶块体 Co 沿主晶向变形的应力-应变曲线**

### 3.3.2　Sb-Sb 作用验证

单晶块体 Sb 模型的初始尺寸为 34.46nm×37.31nm×112.74nm,

包含 4800 个原子,模型的高度方向,即 $Z$ 方向垂直于 (0001) 面。截断半径取为 5.75Å。

图 3-5 为单晶块体 Sb 弛豫过程中系统的能量变化,可以看到,在 40000 弛豫时间步后,系统的能量基本保持不变,结构平衡下来。完成弛豫后系统的平均应力 $\sigma_{33}$ 为 0.08GPa,非常接近理想值 0。由于菱形 Sb 的某些近邻距离非常接近,比如,其第 5 到第 7 近邻距离分别为 5.20Å、5.27Å、5.46Å,同时热振动也会导致原子相对理想晶格位置有一定的偏移,因此在模拟结果给出的径向分布函数图中并没有在所有的近邻距离处都出现明显的波峰。

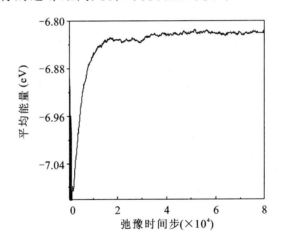

**图3-5 单晶块体 Sb 弛豫过程中系统的能量变化**

图 3-6 的黑色曲线为沿 (0001) 方向发生小变形而其他方向的尺寸保持不变的情况下,系统沿变形方向的应力-应变曲线,灰色曲线是通过对黑色曲线进行线性拟合得到的,其斜率对应于 $C_{33}$,约为 45.1GPa,实验值为 44.6GPa[89]。可见,两者比较接近。

### 3.3.3 Co-Sb 作用验证

单晶块体 CoSb₃ 的初始模型尺寸为 $3a_0 \times 3a_0 \times 9a_0$,包含 2592 个原子,三个主晶向 [100]、[010]、[001] 分别对应三个坐标轴 $X$、

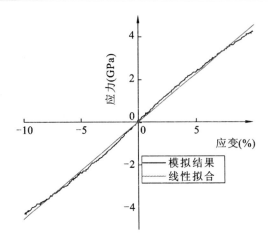

**图 3-6　单晶块体 Sb 拉压过程的应力-应变变化**

$Y$、$Z$。Co-Co、Sb-Sb、Co-Sb 的截断半径分别取为 4.9Å、5.3Å、4.7Å。根据前面建立的两体作用势进行分子动力学模拟,在 80000 弛豫时间步后,结构的能量已经稳定下来。图 3-7 为单晶块体 CoSb₃ 弛豫后的径向分布函数,通过比较,图中出现峰值的点与理想晶体结构的近邻原子距离基本吻合,说明结构基本保持不变。完成弛豫后系统的平均应力为 $-0.69$ GPa,与理想值 0 的误差不大。

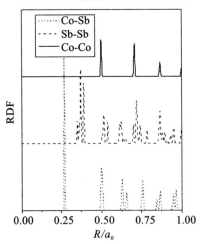

**图 3-7　单晶块体 CoSb₃ 弛豫后的径向分布函数**

沿 $Z$ 方向变形而其他两个方向的尺寸保持不变,得到正应力 $\sigma_{33}$ 随应变的变化关系,如图 3-8 所示。可以看到,曲线呈较好的线性,对其进行线性拟合,得到 $C_{11}$ 约为 177.7GPa,与预期值 181.2GPa 非常接近,误差在 2% 以内。

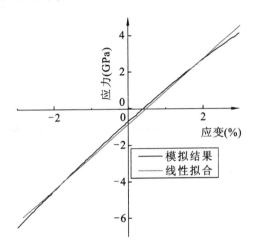

**图 3-8 单晶块体 CoSb₃ 拉压过程的应力-应变关系**

### 3.3.4 CoSb₃ 的大变形模拟

为了了解所建立的两体作用势在大变形下的适用性,对单晶块体 CoSb₃ 进行单轴拉伸模拟。系统尺寸为 $5a_0 \times 5a_0 \times 15a_0$(对应三个主晶向),包含的原子数为 12000。拉伸沿高度方向,温度仍取为 30K。首先对初始的理想晶体模型进行弛豫,弛豫时间步为 1.25fs。完成弛豫后,晶格常数从 9.118Å 变到 9.144Å。接着采用应变控制方法进行单轴拉伸模拟。

图 3-9 为单晶块体 CoSb₃ 的单轴拉伸应力-应变曲线。可以观察到,在 10% 应变之前,应力随应变增大而近似线性增大,并且卸载曲线与加载曲线完全重合,表明整个过程中的变形都是弹性的。通过线性拟合,得到模量值约为 160GPa,与理论值 168.5GPa 吻合

得较好。在 10％应变之后系统达到极限应力，接着应力急剧下降至 0 附近，即结构发生破坏。极限应力为13.3GPa，对应的极限应变为 10.65％。

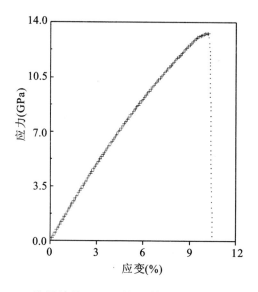

**图 3-9    单晶块体 CoSb₃ 的单轴拉伸应力-应变曲线**

图 3-10 描述了单轴拉伸过程中单晶块体 CoSb₃ 的原子构型变化。可以看到，在 10.5％应变之前，系统基本保持为均匀变形；在 10.75％左右的应变时，系统的中部突然出现了裂纹，并且裂纹沿垂直于拉伸方向迅速扩展，系统表现出典型的脆性断裂特征。

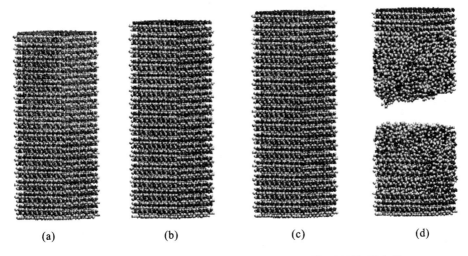

(a)              (b)              (c)              (d)

**图 3-10 单轴拉伸过程中单晶块体 CoSb₃ 的原子构型变化**

(a)弛豫完成时;(b)5%应变;(c)10.5%应变;(d)10.75%应变

## 3.4 本章小结

为了进行分子动力学模拟,本章首先建立了描述原子间相互作用的简单两体势。势函数的解析式选取 Morse 势函数形式。对于晶体 Co、Sb、CoSb₃,分别查找其稳定的晶体结构,列出对应的近邻原子位置表,再根据作用势与晶格平衡条件、弹性常数之间的关系,列出若干独立方程,求其数值解得到势参数的近似值。

通过建立的简单 Morse 势,分别对晶体 Co、Sb、CoSb₃ 进行分子动力学模拟验证其准确性及适用性。首先在低温 30K 下进行分子动力学弛豫,表明这些晶体都能较容易地达到平衡,统计得到的系统平均应力也与理想值 0 的偏差不大。观察弛豫完成后各系统的径向分布函数图,发现这些晶体在低温区域基本保持完整的理想晶体结构。在小变形情况下模拟得到的应力-应变曲线都表现为线性,拟合得到的弹性常数值与文献报道值也比较接近。对于单晶块体 $CoSb_3$,在 30K 温度下进行了大变形拉伸模拟,获得了较为合理的结果。因此,该两体作用势在低温区域能使 $CoSb_3$ 保持稳定的晶体结构,并较准确地预测出晶体的结构参数和弹性常数,还可以进行较大变形的分子动力学模拟。

尽管如此,进一步的测试表明,该两体作用势在 300K 时已经不能使晶体结构稳定下来,出现了原子紊乱排列的现象,因此所建立的简单两体作用势在中温区域并不适用。由于 $CoSb_3$ 在中温区域热电性能较好,是一种典型的中温热电材料,接下来仍需要对作用势做进一步改进。

#  CoSb$_3$的三体作用势模型及其验证

分子动力学是一种确定性方法,即给定初始的原子位置和速度,接下来原子随时间推移发生的运动在理论上说是完全可以确定的,因此它是在纳米尺度进行材料的结构、力学、热力学性质研究的有力工具。在经典分子动力学模拟中,首先必须要有一个可靠的作用势来描述原子间相互作用。在实际操作中,它意味着选择一个合适的势函数形式,力求能模仿出特定材料的"真实"势的行为。

目前,人们为了更多地捕捉成键的物理和化学特征,相继提出了各种多体势的解析函数形式。典型的解析势形式由若干函数组合而成,其值由结构的几何参数,如原子间距、键角或中间变量,比如配位数等来决定。

对于CoSb$_3$来说,由于其晶体结构比较复杂,采用两体势不能很好地描述其原子间相互作用。因此,本章的任务是根据CoSb$_3$晶体的成键形式,考虑用三体势来描述其原子间相互作用,保证该三体势能使CoSb$_3$晶体在中温区域保持稳定结构,且由它预测的CoSb$_3$热电材料的基本物理参数与文献报道结果吻合。

## 4.1 晶体CoSb$_3$的成键特征

CoSb$_3$具有立方晶体结构,为复杂体心立方,晶格常数$a_0 = 9.04\text{Å}$,空间群$\text{Im}\bar{3}$,晶胞由8个CoSb$_3$单元组成,8个Co原子占据$c$位置,24个Sb原子占据$g$位置,原子坐标为:Co(0.25, 0.25, 0.25),Sb(0, 0.33537, 0.16788)。其晶体结构示意图如图4-1所示,其中的黑色原子代表 Co 原子,灰色原子代表 Sb 原子。可以用两种方式来描述其结构形式[95]。第一种描述在几何上更容易理解,即每 4 个 Sb 原子形成一个平面的近似为正方形的 $Sb_4$ 环,由 Co 组成 8 个次立方体,Co 占据这些次立方体的顶点位置,将 6 个 $Sb_4$ 环沿三个不同的主晶向分别塞进 6 个次立方体中,剩下的两个次立方体内是空的;第二种描述将成键考虑进去了,即由中心的 Co 原子与近邻的 6 个 Sb 原子组成 $CoSb_6$ 正八面体,而共享角点的 $CoSb_6$ 正八面体之间相互倾斜,使得近邻的 Sb 原子形成近似为正方形的 $Sb_4$ 环。

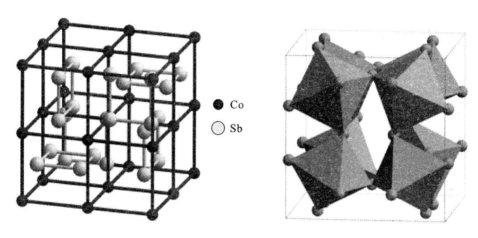

**图 4-1 $CoSb_3$ 的晶体结构示意图**

理论上,化合物的稳定性是由它的晶体结构和化学键强度决定的,有学者运用分子轨道理论定性研究了 Skutterudite 化合物[96]。该理论认为,原子在形成分子过程中,所有的电子都在做贡献,分子中的电子已不属于单个原子,而是在整个分子空间范围内运动。分子轨道可由分子中原子轨道波函数的线性组合得到。几个原子轨道就可组合成几个分子轨道,其中有一半分子轨道分别由正负符号相同的两个原子轨道叠加而成,其能量较原来的原子轨道能量低,这样有利于成键,称为成键分子轨道;另一半分子轨道分别由正负符号不同的两个原子轨道叠加而成,其能量较原来的原子轨道能量高,因此不利于成键,称为反键分子轨道。在分子轨道理论中,用键级代表键的牢固程度。键级的定义是:键级＝(成键轨道上的电子数－反键轨道上的电子数)/2。键级也可以是分数,一般说来,键级越高,键越稳定;键级为 0,表明原子不可能结合成分子。

对于 $CoSb_3$,每个 Co 原子有 9 个价电子($3d^7 4s^2$),而每个 Sb 原子有 5 个价电子($3s^2 p^3$)。每个 Sb 原子周围有 4 个最近邻的原子,包括两个 Co 原子和两个 Sb 原子,其中与两个 Sb 原子间形成 σ 键,需要 2 个价电子,剩下的 3 个价电子与 Co 原子形成两个 Co-Sb 键(需要为每个 Co-Sb 键提供 1.5 个价电子);而每个 Co 原子周围有 6 个最近邻的 Sb 原子形成 $CoSb_6$ 八面体结构,这 6 个 Sb 原子能够提供 $1.5 \times 6 = 9$ 个价电子,加上 Co 原子有 9 个价电子,总共有 18 个价电子参与 Co-Sb 成键。而每个 Co 原子能提供 6 个原子轨道(包括 5 个 3d 轨道和 1 个 4s 轨道),它能与 6 个 Sb 原子的 3p 轨道杂化,形成 6 个成键轨道和 6 个反键轨道,另外还剩下 3 个非键轨道,它对成键没有贡献。在所有这 18 个电子中,每个轨道只能接收 2 个电子,遵循能量最低原理,其中 12 个电子填充到成键轨道,6 个电子填充到非键轨道,而 6 个反键轨道没有电子填充。它的键级为 6,结合很稳定[97]。因此,从电子角度考虑,作为一种窄带半导体结构材料,$CoSb_3$ 的原子间相互作用需要将次立方体内的 $Sb_4$ 环以及独立的 $CoSb_6$ 单元考虑在内。

## 4.2 作用势的确定

由于 $CoSb_3$ 的晶体结构比较复杂,文献中关于它的作用势的研究很少。据我们所知,Lutz 和 Kliche 提出了力常数模型[98],Feldman 和 Singh 对其进行了适当修改[91],并添加了键角项,其具体形式见表 4-1。

表 4-1　晶体 CoSb<sub>3</sub> 的多体作用势[91]

| 作用形式 | Feldman-Singh 势 |
|---|---|
| 两体 | $\dfrac{1}{2}a\,(r-r_0)^2 - \dfrac{1}{6}(10a/r_0)(r-r_0)^3$ |
| Co-Co($1^{\mathrm{st}}$ 近邻) | $a=0.7996\mathrm{eV/Å^2}, r_0=4.52\mathrm{Å}$ |
| Sb-Sb($1^{\mathrm{st}}$ 近邻) | $a=4.807\mathrm{eV/Å^2}, r_0=2.854\mathrm{Å}$ |
| Sb-Sb($2^{\mathrm{nd}}$ 近邻) | $a=3.347\mathrm{eV/Å^2}, r_0=2.977\mathrm{Å}$ |
| Sb-Sb($3^{\mathrm{rd}}$ 近邻) | $a=1.378\mathrm{eV/Å^2}, r_0=3.433\mathrm{Å}$ |
| Sb-Sb($4^{\mathrm{th}}$ 近邻) | $a=0.3121\mathrm{eV/Å^2}, r_0=3.715\mathrm{Å}$ |
| Co-Sb($1^{\mathrm{st}}$ 近邻) | $a=4.127\mathrm{eV/Å^2}, r_0=2.529\mathrm{Å}$ |
| Co-Sb($2^{\mathrm{nd}}$ 近邻) | $a=0.4127\mathrm{eV/Å^2}, r_0=4.424\mathrm{Å}$ |
| 三体 | $a\,(\cos\theta-\cos\theta_0)^2$ |
| Sb-Sb-Co | $a=0.9089\mathrm{eV}, \theta_0=108.5°$ |

可以看到,该势的两体作用部分由二次项和三次项组成,其中的三次项为非简谐修正项,三体作用部分为 cosine-square 形式。Feldman-Singh 势的测试结果与部分实验和第一性原理计算结果吻合得较好。然而,由于势函数形式本身的缺陷,即如图 4-2 所示,在偏离平衡位置时,两体作用部分的能量趋于无穷大,因此Feldman-Singh 提出的作用势在大变形或者中温区域可能无法得到稳定的晶体结构。

基于 Feldman-Singh 的研究成果,我们试图对 CoSb<sub>3</sub> 的作用势形式作进一步的改进。考虑到 Morse 势形式的独特优越性,采用该函数形式来描述两体作用部分,势参数则通过拟合相应的Feldman-Singh 势在平衡位置附近的能量变化得到。三体作用仍采用 cosine-square 势描述。由于保留了 Feldman-Singh 势在平衡位置附近的准确性,同时通过改变势函数形式,使之在非平衡位置

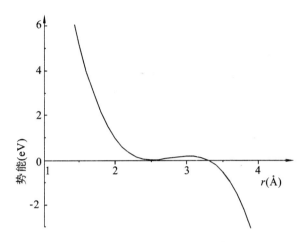

**图 4-2　CoSb₃ 势能的两体作用部分**

的势能趋势是正确的,因此,拟合后的作用势可望应用于力学性能
的研究。表 4-2 为本书拟合的晶体 CoSb₃ 的多体作用势。

**表 4-2　本书拟合的晶体 CoSb₃ 的多体作用势**

| 作用形式 | 作用势 |
| --- | --- |
| 两体 | $D\{\exp[-2\alpha(r-r_0)]-2\exp[-\alpha(r-r_0)]\}$ |
| Co-Co(1st 近邻) | $D=0.7263\text{eV}, \alpha=0.74113\text{Å}^{-1}, r_0=4.52\text{Å}$ |
| Sb-Sb(1st 近邻) | $D=1.7533\text{eV}, \alpha=1.17\text{Å}^{-1}, r_0=2.854\text{Å}$ |
| Sb-Sb(2nd 近邻) | $D=1.328\text{eV}, \alpha=1.1214\text{Å}^{-1}, r_0=2.977\text{Å}$ |
| Sb-Sb(3rd 近邻) | $D=0.7273\text{eV}, \alpha=0.9722\text{Å}^{-1}, r_0=3.433\text{Å}$ |
| Sb-Sb(4th 近邻) | $D=0.1928\text{eV}, \alpha=0.8987\text{Å}^{-1}, r_0=3.715\text{Å}$ |
| Co-Sb(1st 近邻) | $D=1.18564\text{eV}, \alpha=1.318\text{Å}^{-1}, r_0=2.529\text{Å}$ |
| Co-Sb(2nd 近邻) | $D=0.3611\text{eV}, \alpha=0.7552\text{Å}^{-1}, r_0=4.424\text{Å}$ |
| 三体 | $a(\cos\theta-\cos\theta_0)^2$ |
| Sb-Sb-Co | $a=0.9089\text{eV}, \theta_0=108.5°$ |

## 4.3　作用势准确性评估

对于拟合得到的多体作用势,我们采用 LAMMPS 程序[65]进行分子动力学模拟来检验其可靠性。首先在不同温度下测试 $CoSb_3$ 晶体结构的稳定性,包括系统内的原子运动和整个结构的径向分布函数。接着根据该作用势来预测相关的物理性质,并与理论值或实验值对比,检验作用势的准确性。

### 4.3.1　结构稳定性

首先进行晶体结构的稳定性测试。对于尺寸为 $4a_0 \times 4a_0 \times 4a_0$ 的单晶块体 $CoSb_3$ 模型,分别在 30K、300K、800K 温度下进行弛豫。经过一定弛豫时间之后各系统的能量都达到平衡。图 4-3 给出了 800K 温度弛豫时单晶块体 $CoSb_3$ 系统能量变化。可以看到,20000 弛豫时间步后系统的能量已趋于平衡。

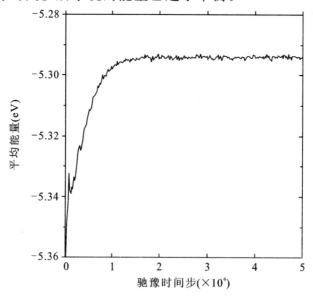

**图 4-3　800K 温度弛豫时单晶块体 $CoSb_3$ 系统能量变化**

弛豫完成后,系统的整体结构仍保持规则有序。图 4-4 给出了在 800K 温度下弛豫前后单胞构形的变化。可以看到,尽管热振动引起部分原子轻微偏离原来的平衡位置,系统的结构仍保持很好的稳定性。

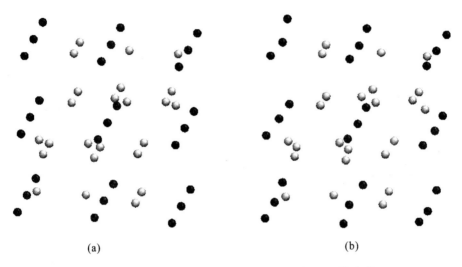

(a)　　　　　　　　　　　　　　　　(b)

**图 4-4　在 800K 温度下弛豫前后单胞构形的变化**
(a)弛豫前;(b)弛豫后

为进一步确认弛豫后构型的晶体结构,分析了其径向分布函数(RDF),如图 4-5 所示,在 300K 温度下分别给出了 Co-Co、Sb-Sb 和 Co-Sb 的径向分布函数。理想晶体结构中 Co-Co 的近邻距离为 4.56Å、6.45Å、7.90Å;Co-Sb 的近邻距离为 2.55Å、4.46Å;Sb-Sb 的近邻距离为 2.94Å、3.42Å、3.79Å、4.16Å。通过对比发现,理想晶体与 300K 弛豫的曲线吻合得很好,说明晶体结构保持不变。当然,温度引起热运动,使波峰出现宽化,因此温度越低波峰会越高。

### 4.3.2　基本物理性质

模拟仍采用 LAMMPS 程序,温度区间为 300~900K,即介于

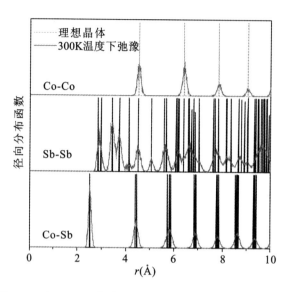

**图 4-5　在 300K 弛豫完成时的径向分布函数(RDF)**

$CoSb_3$ 的德拜温度和分解温度之间。$X$、$Y$、$Z$ 轴分别对应[100]、[010]、[001]主晶向。在三个方向都施加周期性边界条件。时间步为 1.0fs。

　　线热膨胀系数在理论上和应用上都具有重要的意义。对预测热力学状态方程以及超静定结构中由温度变化所引起的热应力来说,线热膨胀系数和比热容是两个最根本的参数。

　　线热膨胀系数通过如下公式得到:

$$\alpha = \frac{1}{a}\left(\frac{\partial a}{\partial T}\right)_P \tag{4-1}$$

　　图 4-6 给出了不同温度下模拟得到的单晶块体 $CoSb_3$ 的晶格常数,为便于比较,将文献中的实验值也在图中标示出来。计算值与实验值[99]非常接近,对于同一温度点而言两者相对误差在 1% 以内。计算与实验的晶格常数数据都与温度保持很好的线性关系,通过拟合得到的线热膨胀系数分别为 $6.17\times10^{-6}K^{-1}$ 和 $6.36\times10^{-6}K^{-1}$[99]。可见,本书提出的三体势能准确地预测出线热膨胀系数。

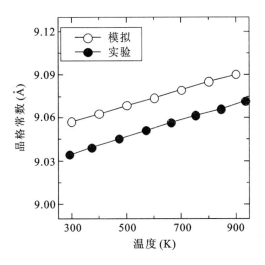

**图 4-6　单晶块体 CoSb₃ 在零压下不同温度时弛豫后
得到的晶格常数与实验值[99]比较**

比热容通常简称比热,它是将单位质量的某物质升高单位温度所需要能量的度量。对于固体材料,定压比热容和定容比热容的值非常接近,一般不作区分。这里计算的是定压下的比热容 $C_p$,即

$$C_p = \left(\frac{\partial E}{\partial T}\right)_p \tag{4-2}$$

图 4-7 给出了零压下单晶块体 CoSb₃ 系统的总能量与温度之间的变化关系。可以看到,得到的曲线表现出较好的线性特征,对其进行线性拟合,得到相应的比热容为 $3.046k_B$(原子质量单位,$k_B$ 为 Boltzmann 常数)或 $238.7\mathrm{J}/(\mathrm{kg \cdot K})$(国际质量单位)。而由 Dulong-Petit 法则得到的理论值为 $3k_B$。可见,模拟得到的比热容与理论值非常接近。

作为一种半导体材料,由于 CoSb₃ 的声子贡献占主导地位,其热导率可以简单地用晶格热导率来表示。本书采用 Muller-Plathe[77]提出的一种非平衡分子动力学方法,即速度交换方法,来模拟单晶块体 CoSb₃ 在室温下的热传导过程。

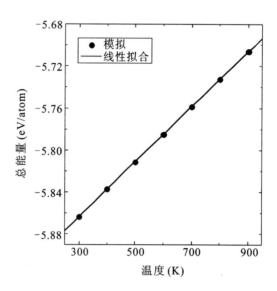

**图 4-7　零压下单晶块体 CoSb₃ 系统的总能量与温度之间的变化关系**

从图 4-8 中可以看到,计算结果表现出明显的尺寸效应,即系统尺寸越大,热导率越高,这是一种由计算误差引起的假象。Chantrenne[100]对这种现象进行了详细的解释,并指出真实块体的热导率可以这样近似得到:对图 4-8 中的每个数据的横坐标和纵坐标值分别求倒数,得到如图 4-9 所示的相应数据点。由于图 4-9 中的数据线性较好,可对其进行线性拟合,拟合得到的直线在系统尺寸 $L_z$ 无限大时对应的数据点即为单晶块体 CoSb₃ 的实际晶格热导率。由此得到的晶格热导率值为 14.7W/(m·K)。文献中微量填充方钴矿的热导率的实验值为 10W/(m·K)[98]。可见,两者还是比较吻合的。

固体物质的弹性常数在很大程度上决定了材料的机械性能和动力学性能。理论的弹性常数可以通过对平衡晶格构型施加小变形计算能量变化得到。

$$\Delta E = \frac{V}{2} \sum_{i=1}^{6} \sum_{j=1}^{6} C_{ij} e_i e_j \tag{4-3}$$

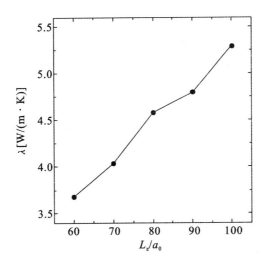

**图 4-8 室温下采用不同尺寸的单晶块体 CoSb₃模型模拟得到的热导率**

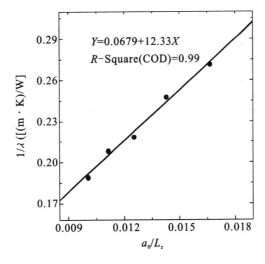

**图 4-9 模拟得到的热导率的倒数与模型尺寸的倒数之间的关系**

其中,$V$ 为变形前的晶胞体积,$\Delta E$ 为施加应变 $e = (e_1, e_2, e_3, e_4, e_5, e_6)$ 后系统能量的变化,$C$ 为弹性常数矩阵。对于立方晶体而言,有三个独立的弹性常数:$C_{11}$、$C_{12}$ 和 $C_{44}$。

在不同温度下对单晶块体 CoSb₃进行分子动力学模拟,得到小变形情况下的应力-应变关系，对相应的应力-应变曲线进行线性拟合，得到对应的弹性常数值，结果如表 4-3 所示。从表中可以看出，随着温度升高，弹性常数略有下降，即所谓的高温软化现象，这与理论预期是一致的。将分子动力学计算结果与第一性原理计算结果比较，也可以看出两者比较接近。

Zener 各向异性因子 $A$ 代表固体结构的各向异性度，通过如下公式得到：

$$A = \frac{2C_{44}}{C_{11} - C_{12}} \qquad (4\text{-}4)$$

表 4-3 列出了单晶块体 CoSb$_3$ 在不同温度下的各向异性度，它随温度的变化不大，基本保持在 0.62 左右。

**表 4-3    单晶块体 CoSb$_3$ 在不同温度下的各向异性度**

|  | $C_{11}$(GPa) | $C_{12}$(GPa) | $C_{44}$(GPa) | $A$ |
|---|---|---|---|---|
| 分子动力学 |  |  |  |  |
| 300K | 185.13 | 46.95 | 43.02 | 0.623 |
| 500K | 183.94 | 45.89 | 42.57 | 0.617 |
| 700K | 181.69 | 45.00 | 42.31 | 0.619 |
| 900K | 177.20 | 44.86 | 41.66 | 0.630 |
| 第一性原理 |  |  |  |  |
| 0K | 181.19 | 37.28 | 49.56 | 0.689 |

# 4.4　本章小结

对 CoSb₃ 的晶体结构特征和成键性质进行了详细的分析,在前人研究成果的基础上,通过对作用势的解析函数形式进行修改并拟合势参数,得到了改进的多体作用势,它包含两体伸缩键作用和三体键角作用两个部分。该作用势既保持了晶体结构在平衡位置的准确性,同时由于势函数形式整体趋势的合理性,预期在偏离平衡位置时也能合理地预测材料的基本性质。

通过分子动力学模拟验证表明,本书提出的三体作用势在有限温度下能使单晶块体 CoSb₃ 很快达到平衡,且弛豫后的径向分布函数图也说明得到的晶体结构与理想晶体结构一致。因此,该作用势的稳定性很高。

采用三体作用势模拟了一系列的基本物理性质,包括线热膨胀系数、比热容、晶格热导率、弹性常数等,这些物理参数的模拟计算值都与目前可供参考的实验值非常吻合,进一步说明了该作用势的准确性。因此,本书后面的分子动力学模拟都将采用该三体作用势。

# 理想结构锑化钴的基本力学性能

本书重点研究完美单晶结构的 $CoSb_3$ 热电材料的基本力学性能。采用 LAMMPS 程序进行常温时单晶块体 $CoSb_3$ 的虚拟单轴拉伸和单轴压缩力学实验,获得相应的应力-应变曲线、弹性模量、极限强度、结构演化特征等基本信息。由于 $CoSb_3$ 在较大的温度范围内工作,因此有必要考虑不同温度下单晶块体 $CoSb_3$ 的基本力学性能的变化,本章模拟的温度范围为 $300\sim900K$,这个温度介于 $CoSb_3$ 的德拜温度和分解温度之间。同时结构低维化也是目前热电材料研究的热点,因此本章也探讨了结构尺度(三维块体、二维纳米膜、一维纳米线、零维纳米颗粒)变化对 $CoSb_3$ 热电材料基本力学性能的影响。

初始原子构型为理想单晶结构。模型尺寸为 $6a_0 \times 6a_0 \times 18a_0$($a_0$ 为 $CoSb_3$ 的晶格常数),包含原子个数为 20736。对于单晶块体,在三个方向采用周期性边界条件。

## 5.1 单轴拉伸模拟

### 5.1.1 常温下单晶块体 $CoSb_3$ 的拉伸力学性能

图 5-1 给出了单晶块体 $CoSb_3$ 在 300K 温度下单轴拉伸的应力-应变曲线。可以看到,应力随应变的增大而逐渐增大,但曲线的斜率随应变的增加而呈减小趋势。为了检验整个变形过程是否都

是弹性的,分别在不同的应变点进行了虚拟卸载实验,发现卸载曲
线与相应的加载曲线完全重合,由此说明在整个拉伸过程中应变都
是可以恢复的,没有任何塑性变形。将应力-应变曲线上的最大应
力定义为极限强度,其值为 22.2GPa(对应应变为 25.9%),这与实
验得到的多晶方钴矿的强度值[101]大近两个数量级。这种明显的
差距主要是由于极限强度对微结构缺陷非常敏感,而在实验样品的
制备过程中往往不可避免地产生各种各样的微缺陷。在极限强度
之后,应变继续增大会导致应力急剧下降至 0 附近,即意味着结构
已发生破坏。

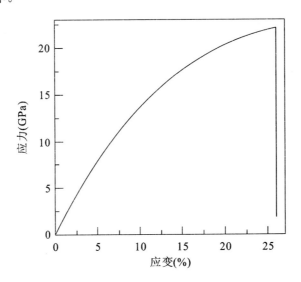

**图 5-1　单晶块体 CoSb₃ 在 300K 温度下单轴拉伸的应力-应变曲线**

将图 5-1 中的应力对应变求导,可得到弹性模量随应变的变
化。如图 5-2 所示,弹性模量从最初的 172.5GPa 迅速下降,到
25% 应变时仅为 20GPa 左右,下降了 80% 以上,这表明该材料是典
型的非线性弹性材料。在较大的拉伸应变情况下出现的这种应变
软化现象是非常普遍的。值得一提的是,模拟得到的初始模量与理
论模量值 168.5GPa 非常接近,与多晶 CoSb₃ 实验值 148GPa 也是

比较吻合的,虽然实验样品的某些缺陷(如孔隙等)会在一定程度上降低模量值。此外,模拟得到的初始泊松比为 0.19,与理论值0.17也很接近。这里的理论弹性模量和泊松比都是从第一性原理计算得到的 0K 下的弹性常数推导出来的。

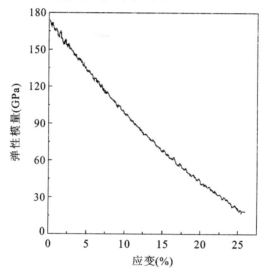

**图 5-2  单晶块体 CoSb₃ 在 300K 温度下的弹性模量随应变的变化**

图 5-3 给出了单晶块体 CoSb₃ 在 300K 单轴拉伸时的原子构型演化过程。这里采用 ATOMEYE[102] 视图软件进行观察,原子半径是任意设置的。图 5-3(a)为弛豫完成后的原子构型。随后对其进行缓慢拉伸,在 25.98% 应变之前模型始终保持规则的晶体结构,发生均匀变形,如图 5-3(b)所示。然而,当应变继续增加,达到 26.00% 左右时,模型中突然出现横向裂纹,此时并没有观察到颈缩现象,如图 5-3(c)所示。单晶块体 CoSb₃ 表现出典型的脆性断裂特征。接着裂纹沿垂直于拉伸方向迅速扩展,如图 5-3(d)所示。需要说明的是,断裂面并非平滑的表面。这是由于在不同方向成键的强度相当,因此在裂纹附近的断键具有一定的随机性,而非类似 Bi₂Te₃ 会在解理面出现平滑的断裂面。

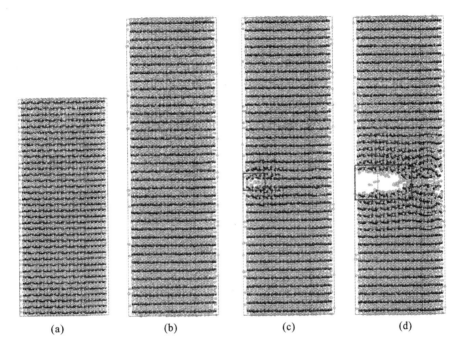

**图 5-3    单晶块体 CoSb$_3$ 在 300K 单轴拉伸时的原子构型演化过程**

沿拉伸方向的应变分别为：(a)0；(b)25.98％；(c)26.00％；(d)26.01％

### 5.1.2    温度对单晶块体 CoSb$_3$ 拉伸力学性能的影响

由于 CoSb$_3$ 在 300～900K 温度区间热电性能较好，同时热电材料在实际应用中要承受循环热载荷，温度会循环变化，研究其力学性能与温度的变化关系将为其实际应用提供一定的指导。

图 5-4 给出了温度为 300K、500K、700K、900K 时，单晶块体 CoSb$_3$ 的单轴拉伸应力-应变关系曲线。从图中可以看到，不同温度下应力-应变曲线的整体趋势是完全一致的，即应力随应变的增加而逐渐增加，曲线的斜率则随应变增加而明显减小。当温度升高时，弹性模量、极限应力、极限应变都呈下降趋势。需要指出的是，由于本书中对单晶块体 CoSb$_3$ 的分子动力学模拟采用的是纳米尺

度的模型以及周期性边界条件,因此高温时可能出现的某些微缺陷都被掩盖了,以致极限应变随温度的变化趋势与实际情况不符,一般情况下温度升高材料的极限应变会增大。

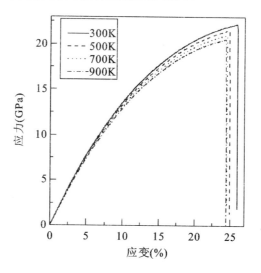

**图 5-4　单晶块体 $CoSb_3$ 在不同温度下的单轴拉伸应力-应变曲线**

图 5-5 给出了单晶块体 $CoSb_3$ 的弹性模量和极限强度随温度的变化。这里的弹性模量是将 2% 应变之前的应力-应变曲线进行线性拟合得到的,极限强度为应力-应变曲线上的应力最高点。从图 5-5 中可以清楚地看到,弹性模量和极限强度随温度的增加都呈很好的线性下降趋势,但下降的幅度都不是太大,从 300K 到 900K,弹性模量和极限强度分别下降 4.5% 和 7.4%。这个变化趋势与理论预期是一致的,因为温度上升导致结构软化,刚度和强度都会下降。

通过进一步观察发现,不同温度时单晶块体 $CoSb_3$ 在单轴拉伸时的结构演化规律基本相同,即首先发生均匀变形,直至达到一个较大的应力时,在系统内部突然出现裂纹,随着裂纹的迅速扩展,单晶块体 $CoSb_3$ 发生破坏,表现出典型的脆性断裂特征。

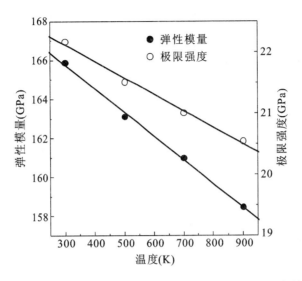

**图 5-5    单晶块体 CoSb$_3$ 的弹性模量和极限强度随温度的变化**

### 5.1.3    尺度对 CoSb$_3$ 热电材料拉伸力学性能的影响

当材料的单个或多个方向被纳米化之后会出现明显的尺度效应。理论和实验研究都表明,减小结构的维数可以有效提高热电材料的热电性能[103,104]。其原因在于:①提高了费米能级附近的态密度,从而提高了 Seebeck 系数;②量子约束、调制掺杂和 δ-掺杂效应,提高了载流子的迁移率;③更好地利用多能谷半导体费米面的各向异性;④增加了势阱壁表面声子的边界散射,减小了晶格热导率。

这里采用不同的周期性边界条件(PBC)来代表不同的尺度,即①$X$、$Y$、$Z$ 三个方向均采用周期性边界条件;②$X$、$Z$ 两个方向采用周期性边界条件;③$Z$ 方向采用周期性边界条件;④三个方向都没有周期性边界条件。它们对应的物理模型分别为块体、纳米膜、纳米线、纳米颗粒。

首先分别对四种不同结构形态的 CoSb$_3$ 模型进行弛豫。图 5-6

给出了弛豫过程中的能量变化曲线。可以看出,在 20000 弛豫时间步后系统能量已经稳定下来。随着模型尺度变小,即从块体到纳米颗粒,系统平均能量逐渐增大,说明自由表面的增大导致了能量的增大。

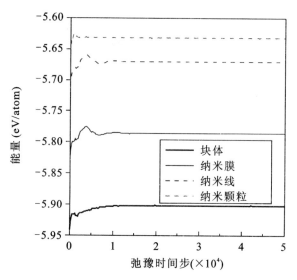

**图 5-6　在 300K 温度下对不同 CoSb$_3$ 模型进行弛豫时系统能量的变化**

由于能量是描述材料力学性能的一个重要参数,我们对弛豫之后系统的能量分布进行了观察,如图 5-7 所示,选取了纳米线 CoSb$_3$ 初始 $Z$ 坐标相同的一层 Co 原子,画出其弛豫后的能量分布云图。可以看到,系统内部的能量较低,且是均匀的,而边界的能量较高。需要说明的是,由于周期性边界条件的设置,左右两边的原子不是对称分布的,即模型左边的边界原子是 Sb,而右边的边界原子是 Co,因此能量在边界上的分布并不是完全对称的。模型的上下边界也是同样的情况。

图 5-8 为 300K 时对不同的 CoSb$_3$ 模型进行单轴拉伸的应力-应变曲线。从图中可以看到,在小变形时应力与应变都呈近似的线性关系。从块体到纳米膜,再到纳米线,弹性模量仅有微小的下降,而再到纳米颗粒,弹性模量却有显著的下降。随着应变的增大,各

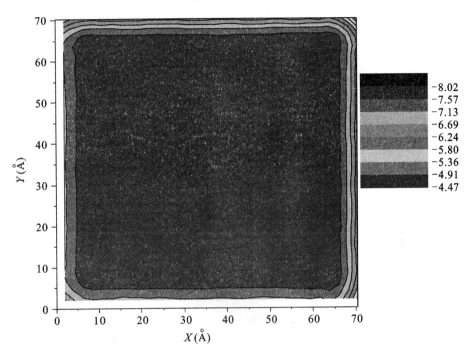

**图 5-7 弛豫完成后纳米线 CoSb$_3$ 横截面的能量分布**（单位：eV/atom）

个模型的模量都逐渐降低，即出现应变软化现象，在达到最高应力点后，继续加载将导致应力急剧下降至 0 附近，即结构发生破坏。从图 5-8 还可以看到，从块体到纳米颗粒，极限应力和极限应变都有明显的下降，特别是纳米颗粒的极限强度相对而言有大幅下降。而对所有的模型在极限应力之前进行卸载，其卸载应力-应变曲线都与相应的加载曲线重合，说明这些不同结构形态的 CoSb$_3$ 模型都是弹性的，变形都是可以恢复的。

对图 5-8 中的应力-应变关系，仍然取 2% 应变之前的曲线进行线性拟合，得到相应的弹性模量值，并在表 5-1 中列出来。通过对比发现，从块体到纳米膜和纳米线，弹性模量的下降在 3% 以内，而从块体到纳米颗粒，弹性模量有超过 10% 的下降。因此可以推断，垂直于拉伸方向的自由表面对弹性模量的影响相对于其他方向来

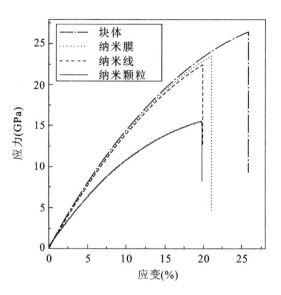

**图 5-8　在 300K 时对不同的 $CoSb_3$ 模型进行单轴拉伸的应力-应变曲线**

说更大。表 5-1 还列出了不同结构形态下 $CoSb_3$ 模型拉伸时的极限应力。从块体到纳米膜、纳米线、纳米颗粒,极限应力分别有大约 $10\%$、$15\%$、$27\%$ 的下降,可见,纳米颗粒的极限强度相对下降最快。

**表 5-1　300K 时不同 $CoSb_3$ 模型的弹性模量、极限应力值**

| 模　型 | 弹性模量(GPa) | 极限应力(GPa) |
|:---:|:---:|:---:|
| 块体 | 167.2 | 26.50 |
| 纳米膜 | 165.9 | 23.79 |
| 纳米线 | 162.3 | 22.52 |
| 纳米颗粒 | 142.4 | 19.42 |

## 5.2 单轴压缩模拟

### 5.2.1 常温下单晶块体 $CoSb_3$ 的压缩力学性能

图 5-9 所示为 300K 温度下单晶块体 $CoSb_3$ 单轴压缩应力-应变曲线。为了便于观察,应力和应变都取正值。从图中可以看到,随着应变增加,应力逐渐增加,但曲线的斜率并不是一致的。我们可以将应力-应变曲线划分为三个阶段。在第一阶段,应力随应变增加而增加,应力-应变曲线的斜率也随应变的增大而呈增大趋势;在第二阶段,约从 15% 应变开始,曲线出现一个突然的转折,即曲线的斜率突然变小,但还可以继续承受一定的载荷,在约 24% 应变时压缩应力达到最大,约为 39.4GPa;在第三阶段,结构不能继续承载,应力突然下降至 0 附近,表明结构发生破坏。

对于图 5-9 中的应力-应变曲线特征,从宏观材料力学的观点来看,该材料很可能为塑性材料。为了确认材料在第二阶段的变形是否为塑性变形,我们接下来进行了虚拟卸载实验。当应变进入第二阶段时,在不同的应变点对单晶块体 $CoSb_3$ 进行卸载,结果发现所有的卸载曲线与相应的加载曲线都是重合的,这说明第二阶段的变形也是弹性的,因此单晶块体 $CoSb_3$ 的压缩力学响应与宏观块体材料有明显的区别。

将图 5-9 中的应力对应变求导,得到整个过程中弹性模量随应变的变化,如图 5-10 所示。在第一阶段,模量从初始的 173.9GPa(与拉伸模量 172.5GPa 非常接近)开始上升,达到 250GPa 以上。在第二阶段,模量突然急剧下降到 100GPa 左右,并随着应变的增加而呈波动性下降,到 24% 应变时模量已经接近于 0,不能继续承载。

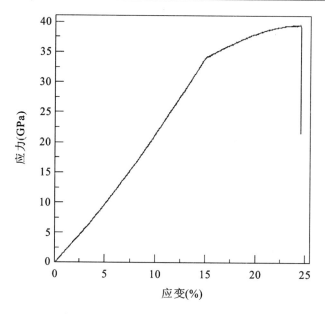

**图 5-9　300K 温度下单晶块体 CoSb₃ 单轴压缩应力-应变曲线**

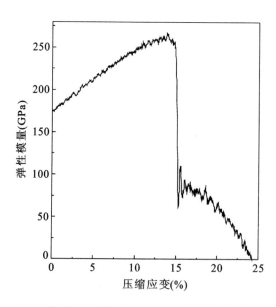

**图 5-10　300K 温度下单晶块体 CoSb₃ 弹性模量随应变的变化**

对于压缩应力-应变曲线中出现第一阶段到第二阶段的转折，我们试图从微结构演化来追溯其成因。从模型中取出一个晶胞，观察其原子变化过程，如图 5-11 所示。在第一阶段，即 15% 应变之前，该晶胞呈均匀变形，如图 5-11(a) 左图所示。而到第二阶段时，结构中隐约出现了新的变形特征，如图 5-11(a) 右图所示，即特定方向的两个 $Sb_4$ 环由矩形发生倾斜变成平行四边形，且这两个矩形的倾斜是沿面内（$YZ$ 面）的，而方向相反（沿 $Y$ 轴）。为了更直接地观察这种结构特征，我们将视角转换到主晶向（$X$ 轴）。如图 5-11(b) 所示，随着应变增加，$Sb_4$ 环（虚线环）倾斜得越来越明显，由此也引起 Co 立方框架相应地倾斜为平行六面体。此时整个模型看起来类似发生了层间错动，每隔半个晶胞，错动沿 $Y$ 轴反方向，这种变形形式沿压缩方向（$Z$ 轴）不断重复。

理论上，结构演化形式由原子间作用力决定。在小变形情况下，单晶块体 $CoSb_3$ 会保持初始的稳定结构，发生均匀变形；而当变形较大时，结构能承受的载荷有限，因此会发生失效或原子重构。这里的理想单晶块体 $CoSb_3$ 模型则从平行于 $YZ$ 面的 $Sb_4$ 环开始发生原子重构。之所以发生这种形式的重构，是因为沿 $Z$ 轴为压缩载荷的加载方向，沿 $Y$ 轴相邻的 Co 立方体内部恰好是空的，即不含 $Sb_4$ 环，这种特殊的位置使得这些 $Sb_4$ 环相对于其他原子的运动更容易。当图 5-11 所示的重构形式稳定下来之后，$XY$ 平面的作用力变化不大，但 $Z$ 方向的巨大排斥力得以缓解。若继续施加应变，这种层间错动形式还可以继续维持下去，但结构的稳定性明显低于原始结构。这也是第二阶段材料的模量明显降低的原因。然而，只要结构中的键没有断，结构的变形是完全可以恢复的。

图 5-12 给出了 300K 时理想单晶块体 $CoSb_3$ 在压缩过程中的结构破坏形式。图 5-12(a) 为初始模型。在 24.575% 应变之前，模型始终保持很好的规则性，基本呈均匀变形，没有明显的缺陷，如图 5-12(b) 所示。而当应变达到 24.595% 时，模型中的局部原子开始

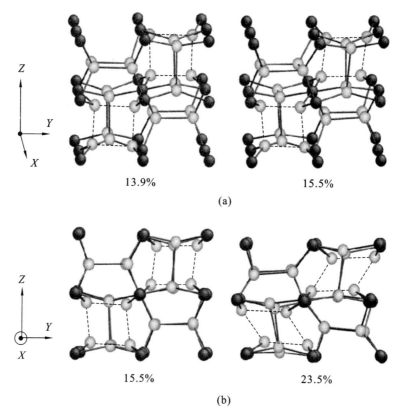

13.9%　　　　　　　　15.5%

(a)

15.5%　　　　　　　　23.5%

(b)

**图 5-11　300K 单轴压缩过程中单晶块体 CoSb₃ 晶胞演化**

(a)第一阶段；(b)第二阶段

发生紊乱,如图 5-12(c)的深色区域,发生紊乱排列的原子似乎与压缩方向呈 45°倾斜。随着应变的继续增加,这种结构紊乱形式进一步扩展,如图 5-12(d)所示,说明材料发生剪切失效,这与脆性材料的压缩破坏形式是一致的。分子动力学模拟中周期性边界条件的设置导致无法给出合理的最终破坏形式,因此图中并未给出模型破坏后的原子构型。

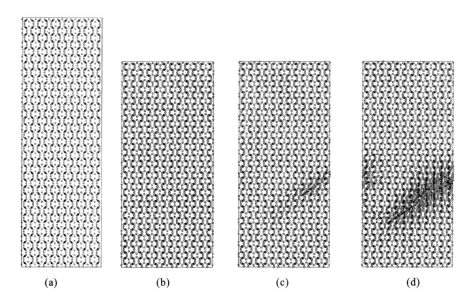

**图 5-12　300K 时理想单晶块体 CoSb$_3$ 在压缩过程中的结构破坏形式**

(a)应变为 0；(b)应变为 24.575%；(c)应变为 24.595%；(d)应变为 24.600%

### 5.2.2　温度对单晶块体 CoSb$_3$ 的压缩力学性能的影响

图 5-13 给出了不同温度下单晶块体 CoSb$_3$ 的单轴压缩应力-应变曲线的变化。从图中可以看到，不同温度下曲线的特征是非常相似的，即曲线可看作由三个阶段构成。在第一阶段，应力随应变增加而增加，曲线的斜率也随应变的增加而呈增大趋势；在第二阶段，约从 15% 应变开始，曲线出现一个突然的转折，即其斜率突然大幅变小，但还可以继续承受一定的载荷；在第三阶段，结构不能继续承载，应力突然下降至 0 附近，表明材料已经发生破坏。然而，从 15%～17% 应变区间的局部放大图可以看到，从 300K 到 900K，出现第二阶段转折时对应的应变增加了 6% 以上，而相应的应力仅变化了不到 2%，因此可以推断，出现该转折的决定因素为应力而非应变。这是容易理解的，因为结构的演化由原子间相互作用决定，

而应力与原子间相互作用是直接联系的。从图 5-13 还可以看到，随着温度升高，弹性模量、极限应力、极限应变都有一定的下降。这里极限应变随温度升高而下降的现象是与理论预期结果相悖的，一般情况下材料的极限应变都是随温度升高而逐渐增大的。出现这种现象的原因在于本书分子动力学模拟所采用的模型为有限的纳米尺寸模型，尽管周期性边界条件的设置可以近似代表无限大尺寸，但却无法捕捉到变形过程中发生的某些微缺陷。

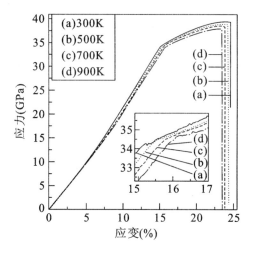

**图5-13　不同温度下单晶块体 CoSb₃ 单轴压缩应力-应变曲线**

压缩时模量和极限强度随温度的具体变化如图 5-14 所示。这里的模量也是将 2% 应变之前的应力-应变曲线进行线性拟合得到的。从图 5-14 可以看到，弹性模量和极限强度随温度升高都呈线性下降。从 300K 到 900K，弹性模量和极限强度分别下降 3.9% 和 4.2%。因此，温度对压缩力学性能的影响较小。

### 5.2.3　尺度对 CoSb₃ 热电材料压缩力学性能的影响

图 5-15 为 300K 时对不同的 CoSb₃ 模型进行单轴压缩的应力-应变曲线。从图中可以看到，在小变形时应力与应变呈线性变化关

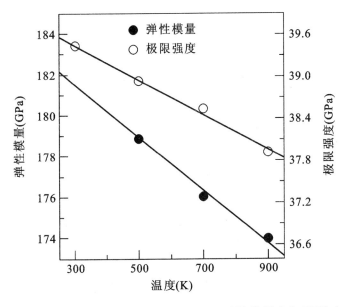

**图 5-14　不同温度下单晶块体 CoSb$_3$弹性模量和极限强度**

系。从块体到纳米膜,再到纳米线,弹性模量仅有微小的下降,而再到纳米颗粒,弹性模量突然有显著的降低。从图5-15还可以看到,从块体到纳米颗粒,极限应力和极限应变都有明显的下降。而对所有的模型在极限应变之前进行卸载,其卸载应力-应变曲线都与相应的加载曲线重合,说明这些不同结构形态的 CoSb$_3$模型在压缩时都是弹性的,变形都是可恢复的。

对图 5-15 中的应力-应变关系,仍然取 2%应变之前的曲线进行线性拟合,得到相应的弹性模量值,并在表 5-2 中列出来。通过对比发现,从块体到纳米膜和纳米线,弹性模量的下降在5%以内,而从块体到纳米颗粒,模量约下降 20%。因此可以推断,垂直于拉伸方向的自由表面对弹性模量的影响相对于其他方向来说明显大许多。表 5-2 列出了不同结构尺度的 CoSb$_3$模型压缩时的极限应力。从块体到纳米膜、纳米线、纳米颗粒,极限应力分别下降 23%、24%、35%。

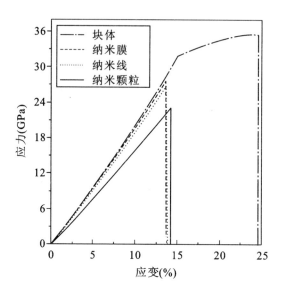

**图 5-15　在 300K 时对不同 CoSb₃ 模型进行单轴压缩的应力-应变曲线**

**表 5-2　300K 时不同结构尺度的 CoSb₃ 模型的弹性模量、压缩极限应力值**

| 模型 | 弹性模量（GPa） | 极限应力（GPa） |
| --- | --- | --- |
| 块体 | 180.5 | 35.49 |
| 纳米膜 | 178.2 | 27.51 |
| 纳米线 | 172.4 | 26.82 |
| 纳米颗粒 | 144.7 | 23.04 |

## 5.3　本 章 小 结

　　本章采用三体作用势对理想单晶结构 CoSb₃ 热电材料的基本拉伸和压缩力学性能进行了分子动力学模拟研究，并考虑了温度和尺度的影响。

在单轴拉伸时,应力随应变增加而增加,应力-应变曲线的斜率随应变增加而逐渐变小。在单轴压缩时,应力-应变曲线可划分为三个阶段:在第一阶段,应力随应变增加而增加,应力-应变曲线的斜率逐渐增大;在第二阶段,应力-应变曲线的斜率突然变小,并可继续承载;在第三阶段,应力达到最高点,结构不能继续承载,继续加载将使应力突然降至 0 附近。通过不同应变点的卸载实验发现所有的变形都是可以恢复的。单晶块体 $CoSb_3$ 为非线性弹性脆性材料,极限强度很高,在 300K 拉伸时其值为 26.50GPa,压缩时为 35.49GPa。

随着温度的升高,弹性模量和强度都呈线性下降,但下降的幅度并不大。从 300K 到 900K,拉伸时的弹性模量和强度分别下降 4.5% 和 7.4%,压缩时的弹性模量和强度分别下降 3.9% 和 4.2%。需要指出的是,在高温时实际结构中会出现一些细微的结构缺陷,而本书中周期性边界条件的限制,使得结构趋于理想化,因此模拟的结果与实际情况可能有所出入。

当结构的维数下降时,拉伸强度和压缩强度都有显著的降低。从块体到纳米膜、纳米线,模量的变化很小,从块体到纳米颗粒,弹性模量下降 10%~20%。因此,沿变形方向的自由表面对该方向的力学性能有着显著影响。

含锑缺位锑化钴的热–力学性能计算

对于热电材料 $CoSb_3$ 的应用来说,一个重要的问题是其中的 Sb 原子极容易挥发。为此,人们通常在材料制备的初始原料中添加过量的 Sb,以弥补其在生长过程中的损失[105],得到理想配比的样品。在方钴矿级联型热电单元中,人们采用金属包覆来抑制 Sb 原子从其表面挥发[106]。尽管如此,Sb 原子的挥发从根本上说仍然是不可避免的。据报道,通过加速老化实验,在 $CoSb_3$/Ti/Mo-Cu 热电结的 $CoSb_3$/Ti 界面上观察到了三层金属间化合物,它是由 Sb 和 Ti 元素的相互扩散引起的[107]。由 $CoSb_3$ 中的 Sb 原子持续挥发引起的晶格缺陷无疑会对该材料的热电性能和力学性能产生重要的影响,而 Sb 缺位对材料性能的影响难以通过实验方法进行定量研究。本章的任务是采用分子动力学方法研究 Sb 缺位对单晶块体 $CoSb_3$ 的晶格热导率和基本力学性能的影响。需要说明的是,目前对于缺位率的上限还没有统一的说法,因此本章仅考虑了缺位率在 5% 以下的情况。

作为一种半导体材料,$CoSb_3$ 的声子热导率对总的热导率的贡献占主导地位,因此,这里热导率简单地用晶格热导率来表示,其值根据 Fourier 热传导定律计算得到。在热传导模拟中,模型的三维尺寸为 $96a_0 \times 48a_0 \times 4a_0$($a_0$ 为 $CoSb_3$ 的晶格常数),热流沿 X 方向;在力学性能模拟中,模型的尺寸为 $5a_0 \times 5a_0 \times 15a_0$,拉伸沿 Z 方向。系统的 X、Y、Z 轴分别对应三个主晶向。缺位的 Sb 原子是随机选取的,将这些原子从初始的理想单晶构型中移除。

## 6.1  缺位对单晶块体 CoSb₃热导率的影响

采用 Muller-Plathe[77] 提出的非平衡分子动力学方法,即速度交换方法,来模拟含 Sb 缺位的单晶块体 CoSb₃在室温下的热传导过程,具体的实现方法在前面已有介绍。将模型沿 $X$ 方向等分为96 层,当系统稳定后统计出系统的温度分布,如图 6-1 所示。从图中可以清楚地看到,随着缺位率的增加,温度梯度越来越大。对于每一条曲线,温度分布都是左右对称的,而在热端和冷端附近,部分曲线表现出明显的非线性。

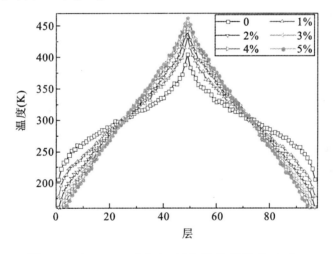

**图 6-1  在 300K 时含 Sb 缺位的单晶块体 CoSb₃**
**模型沿热流方向的温度分布**

由于在高温端和低温端附近的曲线并不是线性的,因此对所有的模型,为了得到合理的温度梯度以计算热导率,我们统一将热端和冷端附近的 4 层原子对应的温度排除在外,剩下的部分曲线用来作线性拟合(图 6-2)。

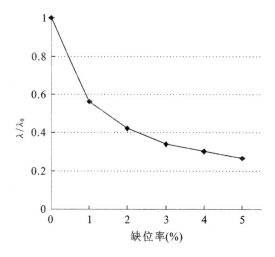

**图 6-2　在 300K 时缺位单晶块体 CoSb₃**
**的相对晶格热导率随缺位率的变化**

　　将理想单晶块体的晶格热导率记为 $\lambda_0$，从图 6-2 中看到，相对晶格热导率 $\lambda/\lambda_0$ 随着缺位率的增加逐渐减小。在 1％、2％、3％、4％、5％缺位率时，相对晶格热导率分别为 0.56、0.42、0.34、0.30、0.27。可见，在本书的缺位率范围内，缺位对热导率的降低有很大的促进作用。这是由于缺位是常见的点缺陷，点缺陷的限度与晶格常数相当，故点缺陷主要对高频声子产生散射，导致平均自由程明显减小，晶格热导率下降。

## 6.2　缺位对单晶块体 CoSb₃ 拉伸力学性能的影响

　　图 6-3 给出了 300K 时理想单晶块体 CoSb₃ 和不同缺位率情况下的单晶块体 CoSb₃ 的应力-应变曲线。对于每一条曲线来说，在达到最大应力之前，应力都随着应变的增大而增大，同时曲线的斜率随应变的增大而逐渐减小。在不同的应变点处进行卸载，发现卸载曲线与相应的加载曲线是完全重合的，说明直到最大应力之前的

变形都是弹性的。在达到最大应力之后再继续加载将会导致结构迅速破坏,应力突然降至 0 附近。当缺位率增加时,可以观察到,弹性模量呈下降趋势,而极限应力和极限应变也明显下降。通过观察原子构型演化,所有的结构在破坏之前都保持均匀变形,在极限应力之后突然在模型的中部附近出现裂纹,没有出现颈缩现象,表明材料的破坏为脆性破坏。

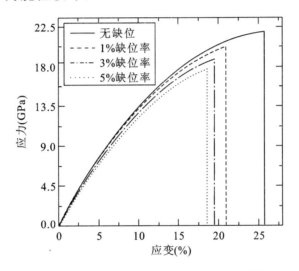

**图 6-3  300K 时不同缺位率情况下单晶块体 CoSb$_3$ 的应力-应变曲线**

考虑到缺位分布的随机性,即每次生成的模型都不一样,可能会得到不同的模拟结果。因此,对于每个缺位率情况,我们模拟计算了 5 个不同的样品以进行对比分析。图 6-4 为含 3% 缺位率时 5 个不同模型的模拟计算结果。这 5 个样品在破坏之前的应力-应变曲线完全重合,只是发生破坏的应力点不尽相同,即极限应力不同。这是因为材料的强度与它的微结构是密切相关的,而不像弹性模量,是一个宏观参量。

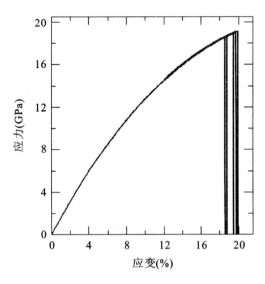

**图 6-4　含 3%缺位率时 5 个不同模型的模拟计算结果**

　　将 2%应变前的应力-应变曲线进行线性拟合得到每个样品的弹性模量值,将每个缺位率情况下的 5 个样品的弹性模量的平均值作为其等效弹性模量。如图 6-5(a)所示,等效弹性模量随缺位率的增大而线性下降,这与理论预期是一致的,因为缺位含量越高,材料的刚度会逐渐下降。从理想构型的单晶块体 $CoSb_3$ 到 5%缺位率的单晶块体 $CoSb_3$,等效弹性模量约下降 10%。

　　每个缺位率情况下的极限应力和极限应变,也是由 5 个样品的平均值得到的,其值如图 6-5(b)所示。相比而言,同一缺位率情况下的 5 个样品的极限应力的变化较小,这也从侧面说明应力对破坏起决定作用,因为它是直接与原子间相互作用相联系的。观察整个曲线,从理想晶体到 5%缺位率时,极限应力和极限应变分别下降24.9%和33.4%,而从理想晶体到 1%缺位率时的变化尤其显著,极限应力和极限应变分别下降11.5%和21.8%。这也是很好理解的:理想单晶的结构是固定的,它的强度很高,且理论上是不变的,一旦有任何缺陷出现,极限应力和极限应变的下降将会很显著,而更多的缺陷仍然会使之继续下降,但下降的幅度将会减小。

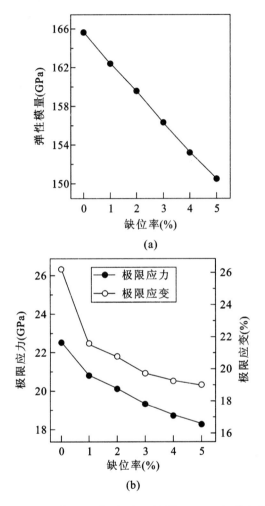

(a)

(b)

**图 6-5 缺位率的变化引起的单晶块体 CoSb₃ 力学参量的变化**

(a)弹性模量;(b)极限应力和极限应变

在不同缺位率情况下单晶块体 CoSb₃ 的等效弹性模量随温度的变化如图 6-6 所示。可以看到,对于每个缺位率情况,随着温度升高,弹性模量线性下降。而且,对于不同的缺位率情况,包括无缺位情况,弹性模量随温度下降的曲线基本上都是平行的。这说明在不同的缺位率情况下,弹性模量随温度的升高而下降的幅度是相当的。数值上,从 300K 到 900K,弹性模量下降了 4.4%～4.5%。

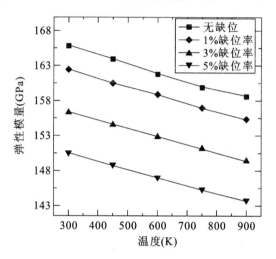

**图 6-6　不同缺位率情况下单晶块体 CoSb$_3$
的等效弹性模量随温度的变化**

图 6-7 给出了不同缺位率情况下单晶块体 CoSb$_3$ 的极限强度随温度的变化。对于含缺位和不含缺位的系统,极限强度随温度升高都近似线性下降。然而,不含缺位系统的斜率看起来更大。数值上,从 300K 到 900K,不含缺位系统的极限强度下降了9.8%,含缺位系统的极限强度下降了 5.5%～6.2%。就极限强度而言,温度对含缺位 CoSb$_3$ 系统的影响比理想单晶稍小。

由于实际 Sb 缺位的分布是很复杂的,为了考虑除随机分布外其他不同的缺位分布形式,我们设计了理想均匀分布形式。在一个晶胞内,选取一个 Sb 原子并将其从晶胞中移除。将由此得到的晶胞沿三个垂直方向周期复制,直到达到想要的模型尺寸。这样得到的系统的缺位率为 4.17%。为便于对比,同时构造了一个 4.17% 的随机 Sb 缺位模型。

对两种不同的缺位分布形式,分别进行了虚拟单轴拉伸试验,

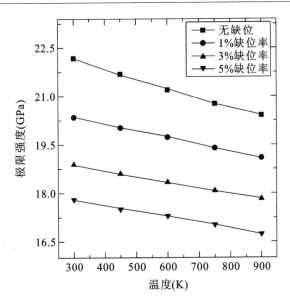

**图 6-7 不同缺位率情况下单晶块体 CoSb$_3$ 的极限强度随温度的变化**

得到相应的应力-应变曲线,如图 6-8 所示。均匀 Sb 缺位系统的弹性模量比随机 Sb 缺位系统小 3.0%,但极限应力和极限应变分别大 9.7% 和 31.3%。这种明显的区别归因于不同的结构特征。在均匀分布情况下,失去一个 Sb 原子意味着同时失去与它相关的所有伸缩键和键角,并且没有任何两个缺位原子共享同一伸缩键或键角;然而在随机分布的情况下,某些相互成伸缩键或键角的原子被同时移除。因此,均匀分布情况下失去的伸缩键或键角将比随机缺位情况下多,相对来说,其原子间作用也稍弱,这也是其弹性模量比随机缺位情况稍小的原因所在。尽管如此,由于其缺位的规则性和理想化,均匀分布缺位系统比随机缺位系统可承受的极限应力和应变大得多。

由上面的分析可以看到,缺位分布的均匀性对单晶块体 CoSb$_3$ 的强度影响很大。缺位分布的均匀性可以简单地用下面的两个因子来量化[108]:

(i) 将模型的三维空间划分为 $N$ 个小的长方体子空间。子空

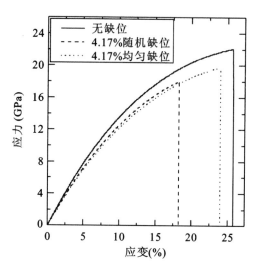

**图 6-8　300K 时均匀分布和随机分布的 Sb 缺位**
**的单晶块体 CoSb₃ 系统的应力-应变曲线**

间的缺位原子数量的相对标准差 $S'_{rel}$ 为

$$S'_{rel} = \frac{1}{\overline{Z}} \sqrt{\frac{\sum\limits_{i=1}^{N} (Z_i - \overline{Z})^2}{N-1}} \qquad (6\text{-}2)$$

其中，$Z_i$ 是第 $i$ 个子空间的缺位原子数量，$\overline{Z}$ 是子空间的平均缺位原子数量。

（ii）形成团簇的趋势 $\beta$ 为

$$\beta = 1 - \frac{\sum\limits_{i=1}^{n} X_i}{n X_0} \qquad (6\text{-}3)$$

其中，$n$ 是整个系统的缺位原子数量，$X_0$ 是当 $n$ 个原子均匀分布时最近邻原子间距，$X_i$ 是在子空间中第 $i$ 个缺位原子与其最近邻的缺位原子的距离。对于均匀分布的缺位系统而言，$S'_{rel}=0$，$\beta=0$。当这两个因子增大时，系统的均匀度降低。

我们接着又构造了两个缺位率为 4.17% 的随机缺位系统，并计算了其均匀性表征因子。将均匀缺位系统和不同均匀性的随机缺位系统进行虚拟单轴拉伸试验,得到相应的应力-应变曲线,如图 6-9 所示。从图中可以看出,对于随机缺位系统,均匀性的变化不大,应力-应变曲线在破坏之前都是重合的。当均匀性表征因子增大时,系统的均匀度从理论上变差,但极限强度并没有一致地降低。然而,所有的随机缺位系统的强度都比理想均匀分布系统小很多。由此可以推断,只有当缺位系统的均匀度变化较大时,它才会对材料的强度有直接影响。

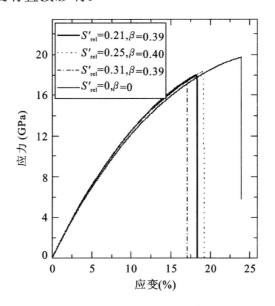

**图 6-9  300K 时缺位率为 4.17% 但缺位分布
不同情况下单晶块体 CoSb₃ 的应力-应变曲线**

## 6.3　缺位对单晶块体 CoSb₃ 压缩力学性能的影响

图 6-10 给出了 300K 时不同缺位率情况下的单晶块体 CoSb₃ 的压缩应力-应变曲线。对于每一种情况,应力-应变曲线都可分为三个阶段:在第一阶段,应力随应变增大而增大,而曲线的斜率也随应变的增大而增大;在第二阶段,曲线的斜率突然变小,应力随应变增大仍缓慢增大;在第三阶段,应力达到最大值,继续施加应变则导致应力急剧下降至 0 附近。在不同的应变点进行卸载,发现卸载曲线与相应的加载曲线是完全重合的,说明直到最大应力之前的变形都是弹性的。当缺位率增大时,可以看到,弹性模量呈下降趋势,而极限应力和极限应变也都明显降低,曲线的第二阶段逐渐消失。

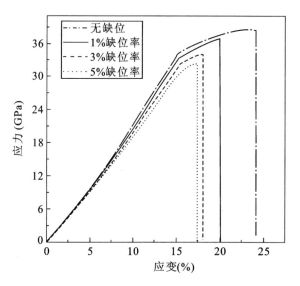

**图 6-10　300K 时不同缺位率情况下单晶块体 CoSb₃ 的压缩应力-应变曲线**

将 2% 应变前的应力-应变曲线进行线性拟合得到每个样品的弹性模量值,将每个缺位率情况下的 5 个样品的弹性模量的平均值作为其等效弹性模量。如图 6-11 所示,等效弹性模量随缺位率的增加而线性下降,这也反映了弹性模量是由结构的宏观特性决定的。从理想构型的单晶块体 CoSb$_3$ 到 5% 缺位率的单晶块体 CoSb$_3$,弹性模量下降了 9.3%。

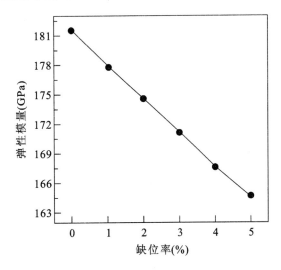

**图 6-11  随着缺位率的变化而引起单晶块体 CoSb$_3$ 的压缩弹性模量的变化**

对于每个缺位率情况下的极限应力和极限应变,也是由 5 个样品的平均值得到,其值如图 6-12 所示。可以看到,缺位率相同但缺位分布不同时,样品间的极限应力和极限应变都有明显的差别。从理想单晶块体 CoSb$_3$ 到 1% 缺位率的单晶块体 CoSb$_3$,极限应力和极限应变分别下降 3.8% 和 14.1%,而到 5% 缺位率时,它们则分别下降 15.5% 和 25.9%。可见,缺位对弹性模量的影响较小,对极限强度的影响也不太大。

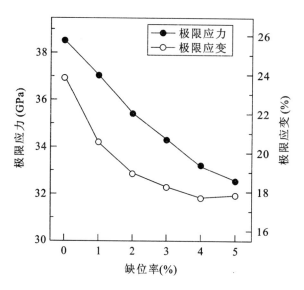

**图 6-12　随着缺位率的变化而引起单晶块体 CoSb₃ 的压缩极限应力和极限应变的变化**

## 6.4　本章小结

针对 CoSb₃ 中的 Sb 原子极易挥发,导致晶体结构出现缺位,并且这种现象从本质上是不可避免的,本章采用分子动力学模拟,研究了不同缺位率和不同缺位分布情况下单晶块体 CoSb₃ 的晶格热导率和基本力学性能的变化规律。这里的缺位率控制在 5% 以内,缺位分布形式考虑了随机分布和均匀分布两种情况。

从热传导模拟计算结果得出,当单晶块体 CoSb₃ 的结构出现缺位时,由于声子散射,热导率明显减小。在 1% 缺位率时,热导率相对理想单晶块体 CoSb₃ 就减小了 44%。因此,在一定范围内的缺位是可以接受的,因为它对热导率的减小具有很明显的促进作用。

在虚拟单轴拉伸试验中,随着缺位率的增大,弹性模量呈线性下降趋势,从理想单晶块体 CoSb₃ 到 5% 缺位率的单晶块体 CoSb₃,

弹性模量下降约 10%。极限强度随缺位率的增加而明显降低,从理想单晶块体 $CoSb_3$ 到 1% 缺位率的单晶块体 $CoSb_3$ 的极限强度变化尤其显著,下降 11.5%。此外,考虑了不同缺位率情况下,弹性模量和极限强度随温度的变化,发现它们都随温度升高而线性下降,但下降的幅度不大。

在虚拟单轴压缩试验中,不同缺位率情况下,应力-应变曲线都可划分为三个阶段:在第一阶段,应力随应变增加而增加,曲线斜率也随应变增大而逐渐增加;在第二阶段,曲线的斜率突然大幅变小,但还可继续承载;在第三阶段,结构突然发生破坏。随着缺位率增加,弹性模量线性下降,极限应力和极限应变也明显降低,因此,应力-应变曲线的第二阶段逐渐缩短。

# 7 含纳米孔锑化钴的热-力学性能

近年来,人们发现在结构中引入微小孔洞能降低材料的晶格热导率,因为材料的自由表面增加了,声子散射增强,对于含纳米孔洞的 Si[109] 和 Ge[110] 的研究也证实了这一观点。对于方钴矿热电材料,何等人[111]进行了引入微米孔洞的实验研究,表明其热导率明显下降,塞贝克系数显著增加,电导率基本不变,因此其热电性能得到了显著提高。除了这些有限的报道,对于含孔洞的方钴矿热电材料的更全面的研究还有待进行。本章主要采用分子动力学模拟方法研究孔径和孔隙率这两个因素对含纳米孔洞的单晶块体 $CoSb_3$ 的晶格热导率和基本力学性能的影响规律。

含纳米孔洞的单晶块体 $CoSb_3$ 模型是这样构建的:首先按照晶体结构参数生成三维尺寸为 $48a_0 \times 48a_0 \times 4a_0$($a_0$ 是 $CoSb_3$ 的晶格常数)的理想单晶系统,原子数为 294912。$X$、$Y$、$Z$ 轴分别对应[100]、[010]、[001]三个主晶向;在系统的 $XY$ 平面上均匀地布置一定数目和一定尺寸的圆,这些圆沿 $Z$ 方向穿透形成圆柱,将位于圆柱内的所有原子删除以形成圆柱形孔洞,如图 7-1 所示。

考虑了两种不同的情况:①孔隙率 $P$ 不变,孔径 $D$ 变化;②孔径 $D$ 不变,孔隙率 $P$ 变化。对于第一种情况,我们构造了 5 个模型,它们的孔隙率都为1.2%,孔径 $D$ 分别为 $6a_0$、$3a_0$、$2a_0$、$1.5a_0$、$a_0$,相应地,孔洞的个数 $N$ 分别为 1、4、9、16、36;对于第二种情况,$D$ 保持 $2a_0$ 不变,孔洞个数也分别为 1、4、9、16、36,由此对应的孔隙率范围为 0.15%~5%。所有的模拟均采用 LAMMPS 程序,在 300K 恒温下进行,在三个方向均施加周期性边界条件以模拟块体材料。

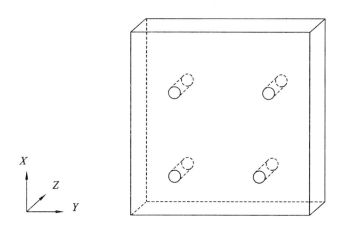

**图 7-1 含孔洞的单晶块体 CoSb$_3$ 模型示意图（这里的孔洞数为 4）**

## 7.1 孔洞对热导率的影响

在热导率的计算中,热流沿 $X$ 方向。为了得到对称的温度分布曲线,我们将前面构造得到的模型沿 $X$ 方向复制,得到三维尺寸为 $96a_0 \times 48a_0 \times 4a_0$ 的晶格热导率计算模型。热传导的模拟方法与前面章节相同。将模型沿 $X$ 方向划分为 96 层,每一层厚度为 $a_0$,其中第 1 层为冷端,第 49 层为热端,按周期性边界条件,第 97 层也为冷端。热导率的值仍根据 Fourier 方程得到。

### 7.1.1 孔隙率不变,孔径变化对热导率的影响

当系统稳定后,理想单晶 CoSb$_3$ 和含均匀分布孔洞(孔隙率相同,孔径不同)的单晶 CoSb$_3$ 沿 $X$ 方向各层的温度分布如图 7-2 所示。对于每一条曲线,温度分布都是左右对称的。在热端和冷端附近,各曲线都表现出明显的非线性。为了得到合理的温度梯度以计算热导率,我们分别将热端和冷端附近的 4 层原子对应的温度排除在外,剩下的部分曲线用来作线性拟合。

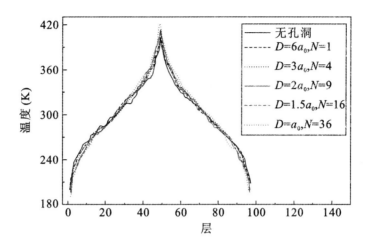

**图 7-2　理想单晶块体 CoSb$_3$ 和含均匀分布孔洞(孔隙率相同) 的单晶块体 CoSb$_3$ 沿热流方向的温度分布**

将图 7-2 中的两个对称部分分别进行线性拟合,并计算得到晶格热导率,然后进行平均,作为等效热导率 $\lambda$。为了便于对比,将理想单晶块体 CoSb$_3$ 的等效热导率记为 $\lambda_0$,图 7-3 给出了含孔洞单晶

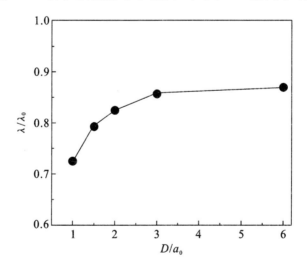

**图 7-3　$\lambda/\lambda_0$ 随孔径的变化关系**

块体 $CoSb_3$ 的等效热导率 $\lambda$ 与理想单晶块体 $CoSb_3$ 的等效热导率 $\lambda_0$ 的比值 $\lambda/\lambda_0$ 随孔径的变化关系。从图中可以清楚地看到,孔径越小,相对热导率 $\lambda/\lambda_0$ 越小,尽管这里的孔隙率仅为 $1.2\%$。数值上,从 $D=6a_0$ 到 $D=a_0$,相对热导率分别为 $0.87$ 和 $0.73$;而从 $D=6a_0$ 到 $D=3a_0$,相对热导率分别为 $0.87$ 和 $0.86$,变化非常小。因此,减小孔洞的尺寸可以有效减小单晶块体 $CoSb_3$ 的晶格热导率,尤其是在小尺寸范围内,这种效果更加显著。

### 7.1.2 孔径不变,孔隙率变化对热导率的影响

图 7-4 为理想单晶块体 $CoSb_3$ 和含均匀分布孔洞(孔径相同)的单晶块体 $CoSb_3$ 沿 $X$ 方向各层的温度分布曲线。对于每一条曲线,温度分布仍然是左右对称的。不同孔隙率情况下的温度曲线变化比较明显。在热端和冷端附近的温度分布都表现出强烈的非线性特征。为了得到合理的温度梯度以计算热导率,我们仍将除去热端和冷端附近 4 层原子的部分曲线用来作线性拟合。

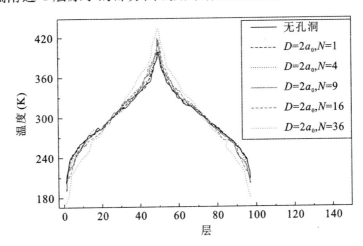

**图 7-4** 理想单晶块体 $CoSb_3$ 和含均匀分布孔洞(孔径相同)的单晶块体 $CoSb_3$ 沿 $X$ 方向各层的温度分布曲线

　　将图 7-4 中的两个对称部分分别进行线性拟合,计算得到晶格热导率,然后将其进行平均,作为等效热导率 $\lambda$。含均匀分布孔洞(孔径相同)的单晶块体 $CoSb_3$ 的相对晶格热导率的变化如图 7-5 所示。通过与无孔洞情况对比,含孔洞系统由于声子散射增加晶格热导率明显降低,从 $P=0.14\%(N=1)$ 到 $P=4.91\%(N=36)$,相对热导率从 0.96 下降到 0.54。

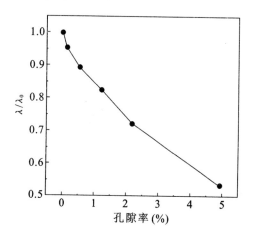

**图 7-5　含均匀分布孔洞(孔径相同)的单晶块体 $CoSb_3$ 的相对晶格热导率的变化**

　　材料的晶格热导率 $\lambda$ 可表示为:

$$\lambda=\frac{1}{3}C_V v_L d_L \qquad (7-1)$$

　　其中,$C_V$ 为体积热容,$v_L$ 为声子的平均速率,$d_L$ 为声子的平均自由程。

　　当孔径不变,孔隙率增大时,体积热容减小,同时材料自由表面的体积分数增大,对声子的散射也增强,使声子的平均自由程 $d_L$ 和平均速率 $v_L$ 降低,从而使热电材料的晶格热导率大幅度降低。将体积热容对晶格热导率的影响排除,即假设体积热容不变,则单纯由于声子散射引起的相对晶格热导率的变化可由图 7-6 表示。从

图7-6中看到,孔隙率越大,相对热导率越低,但相对热导率随孔隙率增加而下降的幅度减小。由此可以得出,增大孔隙率是另一个降低热导率的有效手段,特别是在低孔隙率范围内效果更加显著。

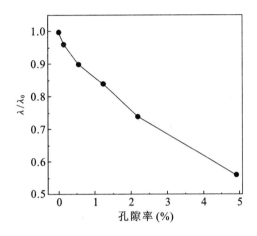

**图 7-6  含均匀分布孔洞(孔径相同)的单晶块体 CoSb₃ 由于声子散射引起的相对晶格热导率的变化**

## 7.2  孔洞对拉伸力学性能的影响

通过 Nose/Hoover 温度控制和压强控制方法来调节系统的温度和压强。首先采用 NPT 系综(原子数、压强、温度保持不变)对系统进行弛豫以保证系统处于零压,接着沿 X 方向采用应变控制进行拉伸,同时允许另外两个方向自由伸缩以模拟单轴拉伸情况。每应变步为 0.0002,并弛豫 2000 时间步。时间步为 1.0fs。应变步和弛豫时间决定了应变率 $\dot{\varepsilon} = 10^8/s$。这种施加应变/弛豫过程不断重复直到模型破坏为止。

### 7.2.1  孔隙率不变,孔径变化对力学性能的影响

理想单晶块体 CoSb₃ 和含均匀分布孔洞(孔隙率相同,孔径不

同）的单晶块体 $CoSb_3$ 系统的拉伸应力-应变曲线如图 7-7 所示。从图中可以看到，含孔洞 $CoSb_3$ 系统与理想单晶 $CoSb_3$ 系统的应力-应变特征基本相同，即应力随应变增加而增加，但曲线的斜率逐渐减小，达到应力最高点后，继续加载则应力突然降至 0 附近。从图中还可以看到，虽然含孔洞系统的孔径不同，但由于孔隙率相同，在破坏之前它们的应力-应变曲线基本上是重合的，其弹性模量比理想单晶 $CoSb_3$ 系统略小，而其极限强度比理想单晶 $CoSb_3$ 系统低很多。

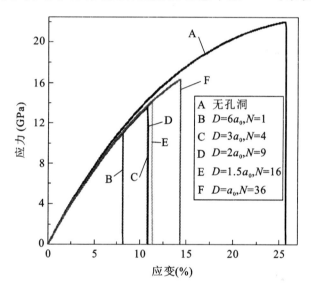

**图7-7    理想单晶块体 $CoSb_3$ 和含均匀分布孔洞（孔隙率相同，孔径不同）的单晶块体 $CoSb_3$ 的应力-应变曲线**

图 7-8 给出了不同孔径时得到的两个特征力学量，即弹性模量和极限强度的值。弹性模量通过对 2％应变前的应力-应变曲线进行线性拟合得到。极限强度为应力-应变曲线上的应力最高点。从图中看到，不同孔径下的弹性模量值稍有不同，但基本都保持在 160GPa 左右，在 1％范围内变化，它们比理想单晶 $CoSb_3$ 系统约小 4％。这与理论预期是一致的，因为弹性模量是一个宏观参量，它与孔径没有直接联系。极限强度随孔径增大而呈降低趋势。在 $D=$

$6a_0$时,极限强度相对于理想单晶 $CoSb_3$ 系统下降了 $50\%$,可见其影响很大。因此可以得出,孔洞的出现将从一定程度上降低弹性模量值,而材料的强度会大大降低,孔径越大强度越低。

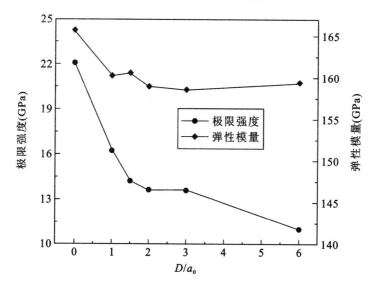

**图 7-8　理想单晶块体 $CoSb_3$ 和含均匀分布孔洞(孔隙率相同)的单晶块体 $CoSb_3$ 的弹性模量和极限强度**

### 7.2.2　孔径不变,孔隙率变化对力学性能的影响

理想单晶块体 $CoSb_3$ 和含均匀分布孔洞(孔径相同)的单晶块体 $CoSb_3$ 的拉伸应力-应变曲线如图 7-9 所示。为了方便对比,我们将理想单晶 $CoSb_3$ 系统的应力-应变曲线也在图中表示出来。各个系统的应力-应变特征是相同的,即应力随应变增加而增加,曲线的斜率逐渐变小,达到应力最高点后,若继续加载则应力迅速降至 0 附近。从图中还可以清楚地看到,所有含孔洞 $CoSb_3$ 系统的极限强度都比理想单晶 $CoSb_3$ 系统的极限强度小很多,弹性模量随系统内孔洞数的增加而明显下降。

　　根据图 7-9,我们可以得到不同孔隙率情况下的弹性模量值和极限强度值,将这些结果在图 7-10 中表示出来。从图 7-10 中可以看到,弹性模量随孔隙率增大而呈线性下降趋势。这与宏观材料力学理论是吻合的,即弹性模量是由材料的宏观性质决定的。在 $P=4.91\%$ 时,弹性模量相对理想单晶系统下降了 14.4%。有趣的是,在含孔洞且孔隙率变化时,极限强度基本保持不变,相对于无孔洞情况下降了约 38%。因此,在含孔洞情况下,孔隙率的增大将导致弹性模量的线性下降,但其对材料的强度影响是可以忽略的。

　　孔隙率 $P=0.14\%$,即 $N=1$ 时,单晶块体 $CoSb_3$ 在拉伸过程中的结构破坏形式如图 7-11 所示。可见,拉伸破坏出现在孔洞附近,并沿垂直拉伸方向扩展形成裂纹。孔洞附近的应力集中将导致局部应力偏大。

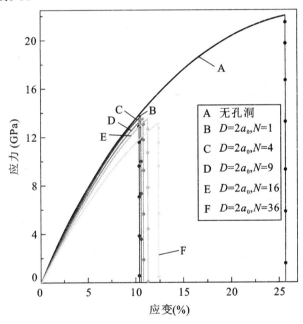

**图 7-9　理想单晶块体 $CoSb_3$ 和含均匀分布孔洞(孔径相同)的单晶块体 $CoSb_3$ 的应力-应变曲线**

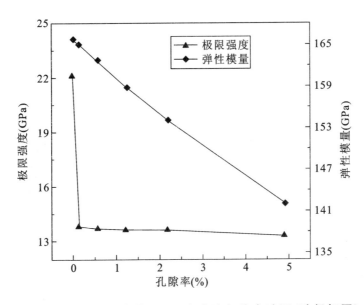

**图 7-10** 理想单晶块体 $CoSb_3$ 和含均匀分布孔洞（孔径相同）
的单晶块体 $CoSb_3$ 的弹性模量和极限强度

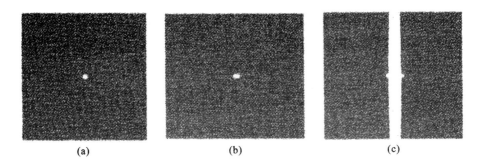

**图 7-11** 孔隙率 $P=0.14\%$（$N=1$）时，
单晶块体 $CoSb_3$ 的原子构型演化过程

(a)拉伸应变为 0；(b)拉伸应变为 10.25%；(c)拉伸应变为 10.5%

# 7.3 本章小结

针对引入孔洞能降低材料热导率的猜想,在本章中我们采用分子动力学模拟方法,首先研究了纳米孔洞对单晶块体 $CoSb_3$ 的晶格热导率的影响。纳米孔洞假定为圆柱形且在垂直于[001]方向的平面内均匀分布。考虑孔径和孔隙率这两个因素的影响,其变化范围分别为 $a_0 \sim 6a_0$ 和 $0.1\% \sim 5\%$。结果表明,引入纳米孔洞在孔洞的周围产生强烈的声子散射,使材料的热导率显著降低,且减小孔径和增大孔隙率是更加有效降低热导率的两条可选途径。

由于材料的微观缺陷对其应用也会产生一定的影响,因此对含纳米孔洞的单晶 $CoSb_3$ 进行了虚拟单轴拉伸试验。结果表明,含孔洞系统的力学性能虽然比理想单晶系统差,但仍然是可以接受的。从规律上说,弹性模量受孔隙率影响,孔隙率越大,弹性模量越低,但其降低的幅度不大;而极限强度对材料的微结构非常敏感,它随孔径增大而明显降低。

综合来说,含纳米孔,且孔径较小、孔隙率较大,单晶块体 $CoSb_3$ 将表现出较好的热电性能,而纳米尺度微孔的出现将使理想单晶块体 $CoSb_3$ 的力学性能明显变差。

# 钡填充锑化钴的基本力学性能

对填充型 $CoSb_3$ 热电材料力学行为的研究比对纯二元 $CoSb_3$ 的研究更具有实际意义。一方面,填充是降低方钴矿热电材料热导率的最直接、最有效的方法之一,它使得方钴矿的综合热电性能有了大幅提高,从而使方钴矿具备了潜在的应用价值;另一方面,填充使得材料组分和晶格结构发生变化,由此必然引起相关性能的变化。从物理本质上看,填充改变了框架原子间的相互作用,同时又引入了框架原子与填充原子间的相互作用,而且在某些情况下填充量很大,因此,有必要研究填充对基本力学性能的影响。本章作为初步探讨,仅以钡原子填充的锑化钴材料作为典型代表,通过分子动力学模拟来研究填充型方钴矿热电材料的基本力学行为和变形过程中的结构演化规律。

## 8.1 填充型锑化钴模型

20 世纪 90 年代初,Slack[112] 提出:典型的优良热电材料应是窄禁带半导体,应具有类似晶体的导电性能,并且应像玻璃一样具有较高的声子散射率,这个"电子晶体-声子玻璃"的概念是近 30 年来热电领域最重要的创新之一,并以对填充型方钴矿材料的研究最为典型。填充型方钴矿的晶体结构如图 8-1 所示,由 A 原子构成 8 个小立方体,其中 6 个小立方体内部被 4 个 B 原子构成的矩形四元环占据,另外两个未被占据的小立方体中心实际上是 12 个 B 原子构

成的 $B_{12}$ 二十面体空隙,在该位置填充原子即形成填充型方钴矿。其中 A 为金属元素,如 Ir、Co、Rh、Fe 等;B 为 ⅤA 族元素,如 As、Sb、P 等。

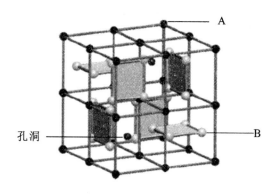

**图 8-1　填充型方钴矿的晶体结构**

大量理论及实验研究[12,14,18,97]表明,在晶胞的笼状空隙中引入部分填充原子,通过杂质原子的局域声子散射,可以在电子输运特性基本不受影响的前提下,使热导率显著降低。这种以杂质原子在方钴矿孔洞中部分填充为基础的结构调控方法使得综合热电性能明显提升。实验发现填充原子在晶格孔洞中存在一个填充量上限,而且不同原子的填充量上限不同。研究结果还表明:填充原子能否填到晶格孔洞中,可以由简单的电负性选择规则判断,在满足电负性规则的前提下,碱金属、碱土金属与稀土金属这三类原子都有可能填入方钴矿晶格孔洞中形成稳定的填充方钴矿化合物,而填充原子的填充量上限与填充原子的半径和价态有着紧密的关系。

尽管在真实的材料中,锑化钴都是部分填充的,但由于建立部分填充锑化钴原子间作用势模型非常困难,目前还没有部分填充锑化钴的原子间作用势模型,因此本章仅以 Ba 原子满填充锑化钴为研究对象来初步了解填充型方钴矿的基本力学性能。对于 Ba 原子满填充型锑化钴,黄等人[115]提出了一个包含伸缩项和键角项的多体作用势,本章将直接采用该作用势进行分子动力学计算。作为一种极限情况,满填充方钴矿在理论研究上也是有价值的。

## 8.2 单轴拉伸

本章的单轴拉伸过程的设置与前面章节相同,应力和应变的计算方法也相同。从图 8-2 可以看到,在温度为 300K 时,二元锑化钴和 Ba 原子填充锑化钴的拉伸应力都随拉伸应变的增大而增大,并且都表现出明显的非线性弹性特征。在应变接近 30% 时,二元锑化钴达到极限应力 20.3GPa,而在应变接近 25% 时,Ba 填充锑化钴的极限应力为 16.1GPa。Ba 填充锑化钴的极限应力比二元锑化钴的极限应力约低 21%。通过加载-卸载分析,发现 Ba 填充锑化钴在卸载时的应力-应变曲线与加载曲线完全重合,说明在破坏前都是弹性变形,填充锑化钴仍为脆性材料。

由于拉伸模量是代表材料力学性能的一个重要参数,我们通过应力对应变求导,即应力-应变曲线的斜率,可以得到拉伸模量随应变的变化关系。如图 8-3 所示,Ba 填充锑化钴的拉伸模量随应变增大而明显地下降,初始模量约为 140.6GPa,23.4% 的应变时拉伸模量下降至 10GPa 以下,下降率超过 90%。计算得到的初始模量与实验值 148GPa 比较接近。从图 8-3 中二元锑化钴和 Ba 填充锑化钴的对比还可以发现,随着应变的增加,Ba 填充锑化钴的拉伸模量的下降率更大,因而 Ba 填充锑化钴的承载能力比二元锑化钴的承载能力要低。

分子动力学可以输出任意时刻原子的位置,由此我们就能方便地观察原子在整个拉伸过程中的演化规律。对于 Ba 填充锑化钴,在弛豫过程中,所有原子都在平衡位置附近做微小的振动,系统整体保持理想晶格结构;在应变逐渐增大的过程中,所有原子仍围绕

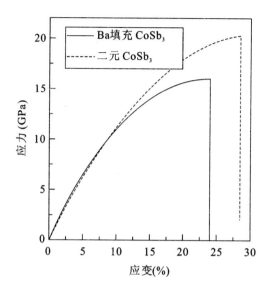

**图 8-2　Ba 原子填充锑化钴在 300K 温度时**
**单轴拉伸得到的应力-应变关系**

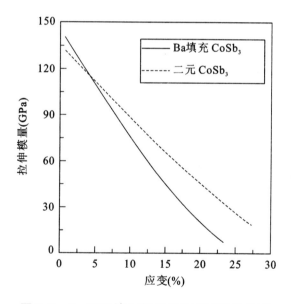

**图 8-3　Ba 原子填充锑化钴在 300K 温度时**
**的拉伸模量随应变的变化**

平衡位置运动,没有出现明显的偏离;当应变增大到极限应变时,从试样的中间某一位置突然出现横向裂纹并迅速扩展至整个横截面,如图 8-4 所示。对比图 8-4 和图 8-5 可以看出,二元锑化钴的裂纹扩展过程略为缓慢,原因还有待进行更深入的分析。

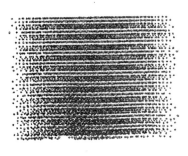
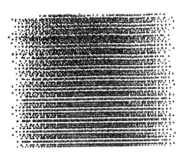
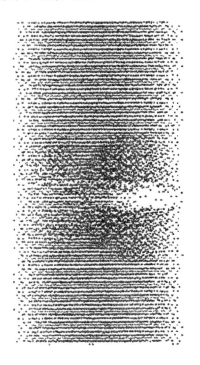

**图 8-4**　钡填充锑化钴在单轴拉伸时　　**图 8-5**　二元锑化钴在单轴拉伸时
　　　　　的失效形式　　　　　　　　　　　　　的失效形式

## 8.3　单轴压缩

300K 温度时 Ba 原子填充锑化钴单轴压缩得到的应力-应变关系如图 8-6 所示。为了便于观察比较,图中的应力和应变都取正值。从图中可以看到,压缩应力随压缩应变增大而逐渐增大,且应力-应变曲线的斜率也在增大。当应变达到21.3％时,钡填充锑化钴达到极限应力39.2GPa。在极限应变前的任一点卸载,都会得到与加载曲线重合的应力-应变曲线,这说明整个变形都处于弹性,即钡填充锑化钴在压缩时也表现出明显的非线性弹性。

本书计算得到的钡填充锑化钴的压缩强度(39.2GPa)比拉伸强度(16.1GPa)大很多,即填充方钴矿承受压缩的能力比承受拉伸的能力更强,这一规律与实验结果是一致的。同时对比图8-6中两条曲线可以看出,填充锑化钴的压缩模量和极限应力都明显大于二元锑化钴,这说明填充原子提高了方钴矿在受压时的强度和刚度,这是有利于方钴矿的实际应用的。

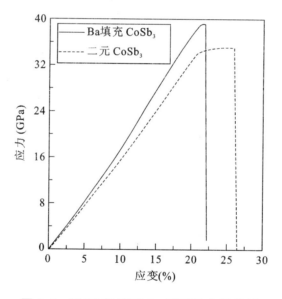

**图 8-6　300K 温度时 Ba 原子填充锑化钴**
**单轴压缩得到的应力-应变关系**

图 8-7 和图 8-8 分别为钡填充锑化钴和二元锑化钴在单轴压缩时的原子构型演化图。这里为了便于观察整体情况,我们将系统内所有原子都画出来了。可以看出,在达到极限应变之前,整体结

构保持不变,原子有序排列,没有明显偏离平衡位置。当接近极限应变时,在试样中部出现了一些不规则排列的原子,并且不规则排列原子逐渐蔓延直至整体失效,如图 8-7(b)和图 8-8(b)所示。对比图 8-7 和图 8-8 也可以看到,钡填充锑化钴和二元锑化钴的失效形式有所不同。对于二元锑化钴,不规则原子的排列方向大约与轴向呈 45°角,表现为典型的剪切破坏;而对于钡填充锑化钴,不规则原子的扩展似乎没有明显的规律性。需要说明的是,由于周期性边界条件的限制,分子动力学无法得到合理的最终失效形式。

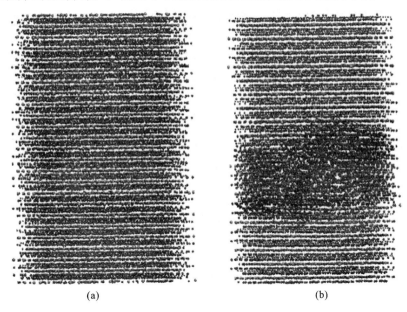

(a)          (b)

**图 8-7　钡填充锑化钴在单轴压缩时的原子构型演化图**

(a)应变为 22.00%;(b)应变为 22.25%

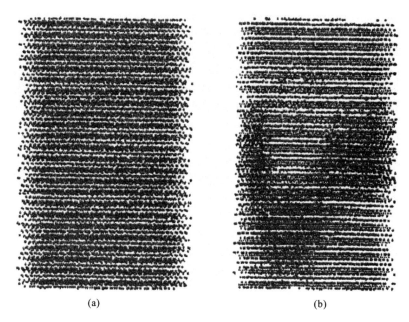

(a) (b)

**图 8-8　二元锑化钴在单轴压缩时的原子构型演化图**

(a)应变为 26.00%；(b)应变为 26.25%

## 8.4　本 章 小 结

　　本章以钡原子填充的锑化钴晶体为研究对象,发展了填充型锑化钴热电材料力学性能模拟的分子动力学方法,研究了单原子填充锑化钴热电材料的基本力学行为,揭示了填充原子对填充锑化钴热电材料本征力学性能的影响规律,为研发高性能填充方钴矿热电材料奠定了力学基础。

# 参 考 文 献

[1] WOOD C. Materials for thermoelectric energy conversion [J]. Reports on Progress in Physics, 1988, 51(4):459-539.

[2] DISALVO F J. Thermoelectric cooling and power generation [J]. Science, 1999, 285(5428):703-706.

[3] MAHAN G, SALES B, SHARP J. Thermoelectric materials: New approach to an old problem [J]. Physics Today, 1997, 50(3):42-47.

[4] VINING C B. Semiconductors are cool [J]. Nature, 2001, 413(6856): 577-578.

[5] SALES B C. Thermoelectric materials: Smaller is cooler [J]. Science, 2002, 295(5558):1248-1249.

[6] KUMAR S, HEISTER S D, XU X, et al. Optimization of Thermoelectric Components for Automobile Waste Heat Recovery Systems[J]. Journal of Electronic Materials, 2015, 44(10): 3627-3636.

[7] ROWE D M. CRC Handbook of Thermoelectrics [M]. Abingdon: CRC Press, 1995.

[8] POUDEL B, HAO Q, MA Y, et al. High-thermoelectric performance of nanostructured bismuth antimony telluride bulk alloys [J]. Science, 2008, 320(5876): 634-638.

[9] ZHOU B, ZHU J J. Microwave-assisted synthesis of $Sb_2Se_3$ submicron rods compared with those of $Bi_2Te_3$ and $Sb_2Te_3$[J]. Nanotechnology, 2009, 20(8): 85604.

[10] TRITT T M. Thermoelectric materials: Holey and unholey semiconductors [J]. Science, 1999, 283: 804.

[11] DYCK J S, CHEN W, YANG J H, et al. Effect of Ni on the transport and magnetic properties of $Co_{1-x}Ni_xSb_3$[J]. Physical Review B, 2002, 65(11):907-910.

[12] NOLAS G S, FOWLER G. Partially filling of skutterudites: Optimization for thermoelectric applications [J]. Journal of Materials Research, 2005, 20:3234-3237.

[13] MEI Z G, YANG J, PEI Y Z, et al. Alkali-metal-filled CoSb$_3$ skutterudites as thermoelectric materials: Theoretical study [J]. Physical Review B, 2008, 77(4):5202.

[14] SHI X, YANG J, SALVADOR J R. Multiple-filled skutterudites: High thermoelectric figure of merit through separately optimizing electrical and thermal transports [J]. Journal of the American Chemical Society, 2011, 133 (20):7837-7846.

[15] EILERTSEN J, ROUVIMOV S, SUBRAMANIAN M A. Rattler-seeded InSb nanoinclusions from metastable indium-filled In$_{0.1}$Co$_4$Sb$_{12}$ skutterudites for high-performance thermoelectrics [J]. Acta Materialia, 2012, 60(5):2178-2185.

[16] BISWAS K, MUIR S, SUBRAMANIAN M A. Rapid microwave synthesis of indium filled skutterudites: An energy efficient route to high performance thermoelectric materials [J]. Materials Research Bulletin, 2011, 46(12): 2288-2290.

[17] VENKATASUBRAMANIAN R, SIIVOLA E, COLPITTS T, et al. Thin-film thermoelectric devices with high room temperature figures of merit [J]. Nature, 2001, 413(6856):597-602.

[18] SALES B C, MANDRUS D, WILLIAMS R K. Filled skutterudite antimonides: a new class of thermoelectric materials [J]. Science, 1996, 272(5266):1325-1328.

[19] 刘恩科,朱秉升,罗晋生,等. 半导体物理学 [M]. 西安:西安交通大学出版社,1998.

[20] 彭江英. Skutterudite 系热电材料制备及性能研究 [D]. 武汉:华中科技大学,2005.

[21] LENOIR B, DAUSCHER A, CASSART M, et al. Effect of antimony

content on the thermoelectric figure of merit of $Bi_{1-x}Sb_x$ alloys [J]. Journal of Physics and Chemistry of Solids, 1998, 59(1):129-134.

[22] PIERRAT P, DAUSCHER A, LENOIR B, et al. Preparation of the $Bi_3Sb_{32}Te_{60}$ solid solution by mechanical alloying [J]. Journal of Materials Science, 1997, 32(14): 3653-3657.

[23] SEO J, PARK K, LEE C. Fabrication and thermoelectric properties of n-type $SbI_3$-doped $Bi_2Te_{2.85}Se_{0.15}$ compounds by hot extrusion [J]. Materials Research Bulletin, 1998, 33(4):553-559.

[24] YANG J Y, AIZAWA T, YAMAMOTO A, et al. Effect of interface layer on thermoelectric properties of a pn junction prepared via the BMA-HP method [J]. Materials Science and Engineering: B, 2001, 85(1):34-37.

[25] NODA Y, ORIHASHI M, NISHIDA I A. Preparation and thermoelectric properties of Ag or K doped PbTe [J]. Materials Transactions, JIM, 1998, 39(5):602-605.

[26] ROWE D M, SAVVIDES N. The reversal of precipitation in heavily doped silicon-germanium alloys [J]. Journal of Applied Physics, 1979, 12:1613-1619.

[27] VINING C B. A model for the high-temperature transport properties of heavily doped n-type silicon-germanium alloys [J]. Journal of Applied Physics, 1991, 69(1):331-341.

[28] HARRINGA J L, COOK B A. Application of hot isostatic pressing for consideration of n-type silicon-germanium alloys prepared by mechanical alloying [J]. Material Science and Engineering: B, 1999, 60(2):137-142.

[29] CAILLAT T, FLEURIAL J P, SNYDER G J, et al. Development of high efficiency segmented thermoelectric unicouples, in: Proceedings of 20th International Conference on Thermoelectrics [C]. Beijing, China: IEEE, 2001, 282-285.

[30] TRITT T M, SUBRAMANIAN M A. Harvesting Energy through Thermoelectrics: Power Generation and Cooling[J]. MRS Bulletin, 2006: 188-195.

[31] TRITT T M. Thermoelectrics run hot and cold [J]. Science, 1996, 272(5403):1276-1277.

[32] BOBEV S, SEVOV S C. Clathrate Ⅲ of group 14 exists after all [J]. Journal of the American Chemical Society, 2001, 123(14):3389-3390.

[33] BISWAS K, MYLES C W. Electronic and vibrational properties of framework-substituted type-Ⅱ silicon clatherates [J]. Physical Review B, 2007, 75(24):2288.

[34] KIM J H, OKAMOTO N L, TANAKA K, et al. Thermoelectric properties and crystal structure of type-Ⅲ clathrate compounds in the Ba-Al-Ge system [J]. Journal of Applied Physics, 2007, 102 (3):034510.

[35] MASTRONARDI K, YOUNG D, WANG C C, et al. Antimonides with the half-Heusler structure: New thermoelectric materials [J]. Applied Physics Letter, 1999, 74(10):1415-1417.

[36] KIM S W, KIMURA Y, MISHIMA Y. High temperature thermoelectric properties of TiNiSn-based half-Heusler compounds [J]. Intermetallics, 2007, 15(3):349-356.

[37] GOFRYK K, KACZOROWSKI D, PLACKOWSKI T, et al. Magnetic, transport, and thermal properties of the half-Heusler compounds ErPdSb and YPdSb [J]. Physical Review B, 2007, 75 (22): 1-10.

[38] UR S C, NASH P, KIM I H. Solid-state synthesis and properties of $Zn_4Sb_3$ thermoelectric materials [J]. Journal of Alloys and Compounds, 2003, 361:84-91.

[39] ITOH T, SHAN J, KITAGAWA K. Thermoelectric properties of β-$Zn_4Sb_3$ synthesized by mechanical alloying and pulse discharge

sintering [J]. Journal of Propulsion and Power, 2008, 24（2）: 353-358.

[40] VENKATASUBRAMANIAN R. Phonon blocking electron transmitting superlattice structures as advanced thin film thermoelectric materials [J]. Recent Trends in Thermoelectric Materials Research Ⅲ, 2001, 71:175-201.

[41] HARMAN T C, TAYLOR P J, WALSH M P. Quantum dot superlattice thermoelectric materials and devices [J]. Science, 2002, 297(5590):2229-2232.

[42] DRESSELHAUS M S, CHEN G, TANG M Y, et al. New directions for low-dimensional thermoelectric materials [J]. Advanced Material, 2007, 19(8):1043-1053.

[43] GOTHARD N, JI X, HE J, et al. Thermoelectric and transport properties of n-type $Bi_2Te_3$ nanocomposites [J]. Journal of Applied Physics, 2008, 103(5):054314.

[44] ZHU T J, YAN F, ZHAO X B, et al. Preparation and thermoelectric properties of bulk in situ nanocomposites with amorphous/nanocrystal hybrid structure [J]. Journal of Physics D: Applied Physics, 2007, 40 (19):6094-6097.

[45] HSU K F, LOO S, GUO F, et al. Cubic $AgPb_mSbTe_{2+m}$: Bulk thermoelectric materials with high figure of merit [J]. Science, 2004, 303(5659):818-821.

[46] ZHAO X Y, SHI X, CHEN L D, et al. Synthesis of $Yb_yCo_4Sb_{12}/Yb_2O_3$ composites and their thermoelectric properties [J]. Applied Physics Letter, 2006, 89(9):092121.

[47] ROWE D M. Thermoelectrics Handbook [M]. Boca Raton: CRC Press, 2005.

[48] 张建中,任保国,王泽深. 空间应用放射性同位素温差发电器的发展趋势 [J]. 电源技术,2006,30(7):525-530.

[49] WEINBERG F J, ROWE D M , MIN G. Novel high performance small-scale thermoelectric power generation employing regenerative combustion systerns [J]. Journal of Physics D: Applied Physics, 2002, 35(13):L61.

[50] SCHMIDT M A. Portable MEMS power sources, in 2003 IEEE international solid-state circuits conference [C]. San Francisco: [s. n. ], 2003.

[51] LAGRANDEUR J W, CRANE D T, EDER A, et al. High efficiency waste energy recovery system for vehicle applications, in Proc. 25th Int. Conf. on thermoelectrics [C]. Wien: [s. n. ], 2006.

[52] MOSER W, FRIED G, HOFBAUER H. Small-scale pellet boiler with thermoelectric generator, in Proc. 25th Int. Conf. on thermoelectrics [C]. Wien: [s. n. ], 2006.

[53] OTA T, KOUICHI F, TOKURA S. Development of thermoelectric power generation system for industrial furnaces, in Proc. 25th Int. Conf. on thermoelectrics [C]. Wien: [s. n. ], 2006.

[54] FAIRBANKS J. Thermoelectric generators for near-term automotive applications and beyond, in Proc. 4th Euro. Conf. on thermoelectrics [C]. Cardiff: [s. n. ], 2006.

[55] FETTIG R. A view to recent developments in thermoelectric sensors, in Proc. 15th Int. Conf. on thermoelectrics [C]. Pasadena: [s. n. ], 1996.

[56] PHELAN P E, CHIRIAC V A, LEE T Y T. Current and future miniature refrigeration cooling technologies for high power microelectronics [J]. IEEE Transactions on Components and Packaging Technologies, 2002, 25(3): 356-365.

[57] BIERSCHENK J , GILLEY M. Assessment of TEC requirements for thermoelectrically enhanced heat sinks for CPU cooling applications, in Proc. 25th Int. Conf. on thermoelectrics [C]. Wien: [s.

n. ]，2006.

[58] METZGER T，HUEBENER R P. Modelling and cooling behaviour of Peltier cascades [J]. Cryogenics，1998，39(3)：235-239.

[59] KAILA M M. High temperature superconductor THz thermal sensors and coolers [J]. Journal of Superconductivity：incorporating novel magnetism，2005，18：427-431.

[60] RIFFAT S B，MA X. Thermoelectrics：a review of present and potential applications [J]. Applied Thermal Engineering，2003，23(8)：913-935.

[61] 高力明. 计算材料学与材料结构的层次[J]. 陶瓷学报. 2004，25(2)：69-74.

[62] 吴兴惠,项金钟. 现代材料计算与设计教程 [M]. 北京:电子工业出版社,2002.

[63] RAPAPORT D C. The art of molecular dynamics simulation [M]. second edition . Cambridge ：Cambridge university press，2004.

[64] FRENKEL，SMIT. 分子模拟 – 从算法到应用 [M]. 汪文川，等译. 北京:化学工业出版社，2002.

[65] Large-scale Atomic/Molecular Massively Parallel Simulator [EB/OL]. [2010-2-10]. http://lammps. sandia. gov.

[66] VERLET L. Computer 'experiments' on classical fluids. I. Thermodynamical properties of Lennard-Jones molecules [J]. Physical Review，1967，159：98-103.

[67] HOCKNEY R W，EASTWOOD J W. Computer simulations using particles [M]. New York ：McGraw-Hill，1981.

[68] SWOPE W C，ANDERSON H C，BERENS P H，et al. A computer simulation method for the calculation of equilibrium constants for the formation of physical clusters of molecules：application to small water clusters [J]. The Journal of Chemical Physics，1982，76(1)：637.

[69] GEAR C W. Numerical initial value problems in ordinary differential

equation [M]. Englewood Cliffs: Prentice- Hall, 1971.

[70] HOFFMANN K H, SCHREIBER M. Computational Physics [M]. Berlin Heidelberg: Springer-Verlag, 1996.

[71] BERENDSEN H J C, POSTMA J P M, GUNSTEREN W F V, et al. Molecular dynamics with coupling to an external bath [J]. Journal of Chemical Physics, 1984, 81: 3684-3690.

[72] NOSE S. A unified formulation of the constant temperature molecular dynamics methods [J]. Chemical Physics, 1984, 81(1): 5-11.

[73] HOOVER W G. Canonical dynamics: Equilibrium phase-space distributions [J]. Physical Review A, 1985, 31: 1695-1702.

[74] ANDERSEN H C. Molecular dynamics simulations at constant press and/or temperature [J]. The Journal of Chemical Physics, 1980, 72: 2384-2393.

[75] PARRINELLO M, RAHMAN A. Polymprphic transitions in single crystals: A new molecular dynamics method [J]. Journal of Applied Physics, 1981, 52(12): 7182-7290.

[76] PARRINELLO M, RAHMAN A. Strain fluctuations and elastic constants [J]. Journal of Chemical Physics, 1982, 76: 2662-2670.

[77] MULLER-PLATHE F, REITH D. Cause and effect reversed in non-equilibrium molecular dynamics: An easy route to transport coefficients [J]. Computational and Theoretical Polymer Science, 1999, 9:203-209.

[78] MOHAMMED K, SHUKLA M M, MILSTEIN F, et al. Lattice-dynamics of face-centered-cubic metals using ionic Morse potential immersed in the sea of free electron gas [J]. Physical Review B, 1984, 29:3117-3126.

[79] ELLIS J, TOENNIES J P. A molecular dynamics simulation of the diffusion of sodium on a Cu(001) surface [J]. Surface Science, 1994, 317:99-108.

[80] CHEN S G, WANG D P, YIN Y S, et al. Approximation of the interaction of oxygen and nitrogen with Pd and Ni surfaces using the Morse potential [J]. Vacuum, 2004, 72:393-403.

[81] YUAN L, SHAN D, GUO B. Molecular dynamics simulation of tensile deformation of nano-single crystal aluminum [J]. Journal of Materials Processing Technology, 2007, 184:1-5.

[82] JOHNSON R A. Relationship between two-body interatomic potentials in a lattice model and elastic constants [J]. Physical Review B, 1972, 6(6):2094-2100.

[83] DAW M S, BASKES M I. Embedded-atom method: Derivation and application to impurities and other defects in metals [J]. Physical Review B, 1984, 29:6443-6453.

[84] JIANG M, OIKAWA K, IKESHOJI T. Molecular-dynamic simulations of martensitic transformation of cobalt [J]. Metallurgical and materials transactions A, 2005, 36: 2307-2314.

[85] LINCOLN R C, KOLIWAD K M, GHATE P B. Morse-potential evaluation of second- and third-order elastic constants of some cubic metals [J]. Physical Review, 1967, 157:463-466.

[86] GIRIFALCO L A, WEIZER V G. Applicaion of the Morse potential function to cubic metals [J]. Physical Review, 1959, 114:687-690.

[87] STEGEMANN B, RITTER C, KAISER B, et al. Characterization of the (0001) cleavage surface of antimony single crystals using scanning probe microscopy: Atomic structure, vacancies, cleavage steps, and twinned interlayers [J]. Physical Review B, 2004, 69(15):5432.

[88] XU J H, WANG E G, TING C S, et al. Tight-binding theory of the electronic structures for rhombohedral semimetals [J]. Physical Review B, 1993, 48:17271-17279.

[89] EPSTEIN S, DEBRETTEVILLE A P, JR. Elastic constants of and wave propagation in Antimony and Bismuth [J]. Physical Review,

1965，138：A771-A779.

[90] SOFO J O, MAHAN G D. Electronic structure of CoSb$_3$: A narrow-band-gap semiconductor [J]. Physical Review B, 1998, 58: 15620-15623.

[91] FELDMAN J L, SINGH D J. Lattice dynamics of skutterudites: First-principles and model calculations for CoSb$_3$[J]. Physical Review B, 1996, 53:6273-6282.

[92] FANG Q F, WANG R, LIU C S. Movable hash algorithm for search of the neighbor atoms in molecular dynamics simulation [J]. Computational Materials Science, 2002, 24:453-456.

[93] SWOPE W C, ANDERSEN H C, BERENS P H, et al. A computer simulation method for the calculation of equilibrium constants for the formation of physical clusters of molecules: application to small water clusters [J]. Journal of Chemical Physics, 1982, 76:637-649.

[94] ANDREW R L. Molecular Modeling: Principle and Practice [M]. Berlin Heidelberg: Springer-Verlag, 1996.

[95] LEFEBVRE-DEVOS I, LASSALLE M, WALLART X. Bonding in skutterudites: Combined experimental and theoretical characterization of CoSb$_3$[J]. Physical Review B, 2001, 63(12): 125110.

[96] TRITT T M, NOLAS G S, SLACK G A, et al. Low-temperature transport properties of the filled and unfilled IrSb$_3$ skutterudite system [J]. Journal of Applied Physics, 1996, 79(11):8412-8418.

[97] 鲍思前. La 填充 Skutterudite 热电材料的制备、结构及性能研究 [D]. 武汉：华中科技大学,2006.

[98] LUTZ H D,KLICHE G. Far-infrared reflection spectra, optical and dielectric constants, effective charges, and lattice dynamics of the skutterudites CoP$_3$, CoAs$_3$, and CoSb$_3$[J]. Physica Status Solidi B, 1982, 112: 549-557.

[99] CAILLAT T, BORSHCHEVSKY A, FLEURIAL J P. Properties of

single crystalline semiconducting $CoSb_3$ [J]. Journal of Applied Physics, 1996, 80:4442-4449.

[100] CHANTRENNE P, BARRAT J L. Finite size effects in determination of thermal conductivities: Comparing molecular dynamics results with simple models [J]. Journal of Heat Transfer, 2004, 126: 577-585.

[101] SALVADOR J R, YANG J, SHI X, et al. Transport and mechanical properties of Yb-filled skutterudites [J]. Philosophical Magazine, 2009, 89:1517-1534.

[102] LI J. AtomEye: an efficient atomistic configuration viewer [J]. Modelling and Simulation in Materials Science and Engineering, 2003, 11:173-177.

[103] HICKS L D, DRESSELHAUS M S. Thermoelectric figure of merit of a one-dimensional conductor [J]. Physical Review B, 1993, 47 (24):16631-16634.

[104] DRESSELHAUS M S, KOGA T, SUN X, et al. 'Low dimensional thermoelectrics', in Proc. 16th Int. Conf. on thermoelectrics [C]. Dresden: [s. n.],1997.

[105] SHI X, ZHANG W, CHEN L D, et al. Thermodynamic analysis of the filling fraction limits for impurities in $CoSb_3$ based on ab initio calculations [J]. Acta Materialia, 2008, 56:1733-1740.

[106] MOHAMED S E, HAMED H S, Thierry Caillat. Test results and performance comparisions of coated and un-coated skutterudite based segmented unicouples [J]. Energy Conversion and Management, 2006, 47:174-200.

[107] ZHAO D, LI X Y, HE L, et al. Interfacial evolution behavior and reliability evaluation of $CoSb_3$/Ti/Mo-Cu thermoelectric joints during acclerated thermal aging [J]. Journal of Alloys and Compounds, 2009, 477:425-431.

[108] FAN J Z, YAO Z K. Assessment of the SiCp distribution uniformity in SiCp/Al composites made by powder metallurgy [J]. Rare Metals, 1996, 15(3):208-213.

[109] LEE J H, GROSSMAN J C, REED J, et al. Lattice thermal conductivity of nanoporous Si: Molecular dynamics study [J]. Applied Physics Letter, 2007, 91(22):223110-223112.

[110] LEE J H, GROSSMAN J C. Thermoelectric properties of nanoporous Ge [J]. Applied Physics Letter, 2009, 95(1):013106(1-3).

[111] HE Q Y, HU S J, TANG X G, et al. The great improvement effect of pores on ZT in $Co_{1-x}Ni_xSb_3$ system [J]. Applied Physics Letters, 2008, 93: 042108 (1-3).

[112] SLACK G A. CRC Handbook of Thermoelectrics [M]. Boca Raton : CRC Press, 1995.

[113] ZHANG W, SHI X, MEI Z G, et al. Prediction of ultrahigh filling fraction limit for K in $CoSb_3$ [J]. Appl. Phys. Lett. , 2006, 89:112105.

[114] SHI X, ZHANG W, CHEN L D, et al. Theoretical study of the filling fraction limits for impurities in $CoSb_3$ [J]. Physical Review B, 2007, 75:235208.

[115] HUANG B L, KAVIANY M. Filler-reduced phonon conductivity of thermoelectric skutterudites: Ab initio calculations and molecular dynamics simulations [J]. Acta Mater, 2010, 58:4516-4526.